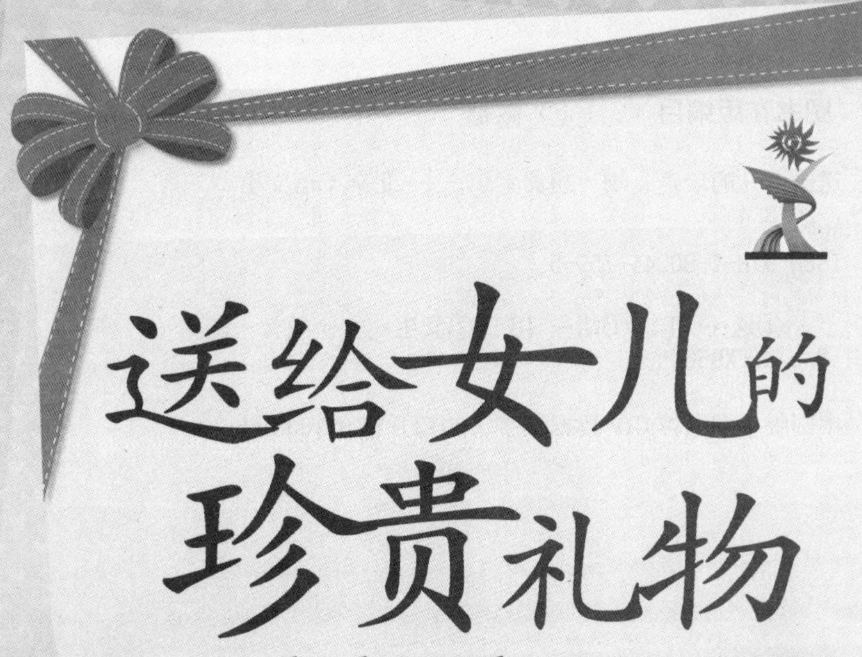

送给女儿的珍贵礼物

songgei nver de zhenguiliwu

胡翼◎主编

父母送给女儿的安全手册

语文出版社

图书在版编目（C I P）数据

送给女儿的珍贵礼物 / 胡翼主编．— 北京：语文出版社，2013.4

ISBN 978-7-80241-759-5

Ⅰ．①送… Ⅱ．①胡… Ⅲ．①女生－安全教育－基本知识 Ⅳ．①X956

中国版本图书馆 CIP 数据核字（2013）第 071833 号

责任编辑 李世江
执行策划 吴俊超
封面设计 小徐书装
出　　版 语文出版社
地　　址 北京市东城区朝阳门内南小街 51 号　100010
电子信箱 ywcbsywp@163.com
排　　版 湖北东西方文化传播有限公司
印刷装订 湖北昌虹印刷厂
发　　行 语文出版社　新华书店经销
规　　格 787mm×1092mm
开　　本 1/16
印　　张 19
字　　数 300 千字
版　　次 2013 年 6 月第 1 版
印　　次 2013 年 6 月第 1 次印刷
定　　价 39.80 元

010-65253954（咨询）010-65251033（购书）010-65250075（印装质量）

序

亲爱的女儿：

就像做梦似的，昨天你还在咿呀学语，今天，咱们家就“家有美女初长成”了。看着蹦蹦跳跳、无忧无虑的你，看着你把歌声、笑声和青春的阳光洒满咱们家的屋子，妈妈这颗心就被无边的幸福包围起来了，妈妈就觉得拥有了全世界的奢华。

可是你知道吗，宝贝？当你清晨上学去的时候，妈妈的心就像着了魔似的，仿佛有一千个担忧乘着黑色的翅膀，把妈妈的那颗心一层一层地裹得紧紧的，妈妈挣不脱，喊不出，真想一下子飞到你的教室里，陪着你听课、做作业。

就在你初潮来临，像只受惊的小鹿扑在妈妈的怀中的时候，妈妈就寻找最科学的方法，购买最好的卫生用品，生怕因为一丝一毫的疏忽影响你的学习和成长。当你向妈妈描述你的老师如何英俊、你的男同学如何阳光的时候，妈妈虽然含笑不语，但是心里知道我的女儿已是情窦初开的少女了。妈妈就想：怎样才能使你树立正确的恋爱观呢，我的宝贝？

后来，你住校学习了，妈妈就想，你怎样和同寝室的女孩相处得和谐友好呢？当你拿着妈妈给的钱购买一些小物件时，妈妈就担心，你会不会被不良商家欺骗呢？你第一次离开爸爸妈妈出远门去参加夏令营，整整十天，妈妈没吃过一顿囫囵饭，没睡过一次踏实觉，做什么事情都无精打采。这是为什么呢？因为你把妈妈的心牵到了那遥远的草原。还有你第一次和爸爸妈妈顶嘴，第一次成了招之不来、挥之不去的小林妖，第一次用妈妈的化妆品傻傻地描上半天，第一次把男歌星、女影星的艳照贴满床头，第一次把抽屉锁上不让妈妈去翻，第一次要穿露脐装和爸爸闹翻……这无数的“第一次”，次次都是把妈妈的那颗原本脆弱的心放在焦虑、担忧的火炉上煎熬、炙烤。你知道吗，我的宝贝？

细细想来，妈妈原本担忧你的容貌，现在不那么担忧了，因为我的女儿虽算不上天生丽质，但也算是清纯、秀气的美少女吧。妈妈原来担忧你的学业，现在也不那么担忧了。那么，妈妈现在最担忧什么呢？是我宝贝女儿的安全。在妈妈看来，女儿生理的、心理的一点点伤害、一点点闪失，都是妈妈无法承受的打击。孩子，妈妈只有保障你的青春年华无伤无痕，才能保障你一生过得无忧无虑。

妈妈知道，你现在正处在追求时尚刺激、追求浪漫恋情的青春期。对女孩来讲，有多少美好的憧憬就会隐藏多少受伤的危险。女孩的每一次的探求，都好比是刀尖上的舞蹈。因此，妈妈把这本书送给你，希望你把它作为妈妈不在身边时的温馨提醒，希望你在这本百科全书式的安全百宝箱的关照下，长成为一个健康、快乐、心地善良、秀外慧中的现代女孩。

永远爱你的　妈妈

前 言

青春是感性的。女孩的青春更感性。

在父母的羽翼下和千呵万护的光环中，女孩们有着比同龄男孩更多的幻想，更美的梦想，她们喜欢不知疲倦地编织花团锦簇的未来生活。但是，现实生活中往往林立着许多形形色色的墙，当她们的梦想被这些看不见却真实存在的墙撞碎的时候，她们马上就显得惊恐、无助、灰心、失望。

所以，女孩们在她们的青春期，更需要理性规范她们的行为，更需要理性升华她们的智慧，更需要理性指点她们的人生。从某种意义上讲，当代的女孩们更像是一只青花瓷瓶，美丽、高贵，安插着生命中全部的花朵，盛满了父母亲全部的期望，而这只美丽的瓷瓶却比任何器皿都容易被碰碎，而且是一种无法修复的破碎。当代的女孩们比以往任何一个时代的女孩都更显得“伤不起”。

如果有一本书伴随在女孩身边，时时提醒她们，规范她们，指点她们，那无疑是女孩们最需要的。

这本《送给女儿的珍贵礼物》，用全部的爱心和智慧，倾情奉献给当代女生的一部精美的智慧宝典。

这部洋溢着青春活力和时代气息的作品，始终在真诚地关怀着每一个女生。它选取了我们现实生活那些真实鲜活的故事，告诫女生们即使阳光明媚的日子里，也会有阴翳遮蔽她们幸福的生活；即使前方的路全部用鲜花铺成，也要提防花丛中隐蔽的石块和陷坑。在你求学的青葱岁月中，在你求职的艰难历程中，这本书将始终温暖你的心灵，激活你的智慧，告诉你真实的美丽，提示你生活的真谛。在你因遇到种种不顺心的事而感到烦躁的时候，它会抚平你的痛苦，释放你的压力，消除你心中对生活的恐惧。在你无忧无虑地享受幸福的时候，它会用那些引人入胜的生活故事、丝丝入扣的精彩分析和充满理性光辉的对策解读慰藉你的心灵，充实你的知识，提升你的智慧。

关心女生，爱护女生，不仅是父母的职责，老师的义务，更是全社会的责任。女生平安是社会团结和谐的重要因素，女生的智慧是民族文明传承和提升的重要保证，女生的聪慧是民族文明传承和提升的重要保证，女生的善良是中华传统美德继承和发展的重要途径，因此，《送给女儿的珍贵礼物》这本书既是一份爱心的倾献，更是一份责任的担当。

目　录

第一章　生理安全——给健康的你

第四章 生活安全——给快乐的你

第一章 生理安全
给健康的你

青春期是人生最缤纷最灿烂的时期，是人生中最美丽的年华。在这个时期，我们生命如花，生活如梦，对世界充满好奇，对生活充满乐趣。然而，鲜花是美丽的，也是脆弱的。

青春期，带来了太多太多：太多的担心，太多的惊喜，太多的不安，太多的羞涩……那一抹红，惊醒了我们沉睡的身体。笑靥如花，开启了谁心中的密码？伊甸园里，谁又错吃了禁果？累累的伤痕，是否禁得住眼泪的浸泡？

青春期，如何让鲜花绽放它的灿烂而不是凋谢它的芬芳？

从现在开始，照看好我们的身体，让我们的花季春色盎然。从现在开始，认真呵护我们的健康，健康是我们必须时刻守护好的财富。失去健康，就失去了奋斗的资本。有了健康，我们的心才会飞得更高，我们的梦想才会绚丽如虹。

1. 良好的作息习惯，健康之源

妈妈听到的故事

作息紊乱的代价

小萱是大家公认的美女。上帝似乎特别眷顾小萱，她不仅人长得漂亮，而且学习成绩优秀，是很多男生心仪的对象。

不知道从何时开始，小萱经常和在线的好友一起打魔兽。由于网友大多是上班族，小萱为了配合他们，把玩游戏的时间都排得特别晚，经常熬至深夜。她不想耽误学习，又无法抗拒游戏的诱惑，只得牺牲午休时间。其他室友午休的时候，她则奋笔疾书，忙于赶作业，晚上大家都进入梦乡了，她还在和网友们激战于网络。早上为了不迟到，她从床上爬起来就冲向教室，不吃早点已成为习惯。自从迷上了游戏，她上课时总是无精打采，哈欠连天。有时实在撑不住了，就趴在课桌上睡觉。

后来，小萱常常一连几天泡在网吧，饿了就吃泡面，困了就趴在桌子上眯一会儿，然后继续作战，在她的脑子里，已经分不清白天和黑夜。往日晶莹的皮肤、红润的脸色消失得无影无踪，取而代之的是满脸的倦容。那个学期的期末考试，小萱由于前一天晚上没睡好，两场考试中都睡着了。结果，她的成绩由往日的第三名降为倒数第三名，可是这仍然没有让小萱觉醒……

室友们对小萱的变化感到特别痛心，她们看到她这种状态，纷纷劝她悬崖勒马，可是劝诫已经无济于事，有时候还会招来小萱的谩骂，就这样，小萱与室友的距离越走越远。

一天早上，大家走出宿舍准备去上课时，发现小萱晕倒在门口，大家赶紧把她送到医院。医生说："她这种现象是由于作息不规律而导致的，只要恢复正常的作息，就会慢慢康复的。”

此后，小萱严格遵照医嘱，再也不敢熬夜了。经过一年的调理，小萱恢复得很好，她的脸色渐渐红润起来了，皮肤也变好了，浑身又重新焕发出青春的气息。

妈妈的担忧

亲爱的女儿：

听完这个故事，你有没有意识到规律作息的重要性呢？小萱就是因为作息不规律，导致成绩迅速下滑、身体极度衰弱的。

亲爱的女儿，你知道吗？习惯具有很强大的力量。习惯一旦养成，就会成为一种非常稳定的个性品质，影响人的行为甚至人生走向。从某种意义上讲，习惯、性格、命运形成生命的链条。正是这种奇特的联系，使得一些人或出类拔萃，卓越超群；或平平庸庸，碌碌无为。良好的习惯，可以成就一个人，使其永远立于不败之地；不良的习惯，贻患无穷，让人从成功的层级上跌下来，甚至葬送人生。从这个意义上说，习惯决定命运，习惯决定人生。

妈妈担心你没有制定作息计划，从而养成不良的作息习惯。以前你在家时，做事懒散，经常问妈妈下一步该干什么。现在你长大了，要克服这样的毛病，试着自己去面对生活。

妈妈担心你在没有父母监督的情况下，不能管好自己。妈妈知道，以前你有爸妈的呵护、奶奶的溺爱，总是随心所欲，特别是节假日，要睡就睡个昏天黑地，要玩就玩到半夜三更。这可不好，伤神伤身体，影响学习，还会影响其他同学。

妈妈担心你因为学习任务重而熬夜学习。以妈妈的体会，学习既要刻苦，也要讲科学、讲效率。学习是靠平时的积累，熬夜看书不一定有好的效果。晚上休息不好会影响第二天的学习效率及身体健康，得不偿失。

妈妈还担心你沾染一些不好的习惯导致作息不规律。社会上有太多的诱惑，尤其是网络，它让很多青春期的女孩陷入泥沼。很多女孩喜欢熬夜打游戏，第二天上课时补觉，形成恶性循环。妈妈又担心你贪睡懒觉。宝贝，有人说女孩的美是睡出来的。你赞同这句话吗？冬天天气很冷，起早床确实需要很大的勇气。有些女孩喜欢赖床，上课经常迟到；有些女孩周末可以睡到中午，早饭也不吃。妈妈可不希望我的宝贝是这样的。

小时候，妈妈陪你到剧院看一个舞蹈，一个舞者穿着宽大轻松的舞衣，跳得自由曼妙，另一个舞者手戴镣铐，脚戴铁链，更舞得风生水起，我问你，佩服哪一个舞者，你仰着脑袋告诉我："后一个。"对，生活中没有绝对自由的人，学会了戴着镣铐跳舞，当我们挣脱镣铐后，我们对生活就会举重若轻。习惯就是让我们从适应走向自如。

爱你的妈妈

妈妈的4个小贴士

贴士1　保证睡眠，拒绝熬夜

人在睡眠状态下，新陈代谢率是最低的。在这种状态下，白天消耗的能量得到弥补，神经系统的功能得到调整平衡。良好的睡眠能消除全身疲劳，使神经、内分泌、物质代谢、循环、消化等功能得到休整。人体是一个有机的整体，身体内的环境与外界环境是同步、协调、平衡的，人的脉搏、血压有着昼夜节律。一旦熬夜，生理节律被扰乱，体内生物钟与外界的同步关系就会被破坏，正常运行规律就会被打乱，激素的分泌规律也将改变，生命器官将遭受不同程度的损害。熬夜对身体的危害表现为：

(1) 提高压力荷尔蒙的分泌，造成心理疲乏，情绪发生不良变化，出现焦虑、忧郁、急躁等情绪，甚至诱发精神病。

(2) 免疫力下降。经常熬夜，人体的免疫力也会跟着下降，感冒、胃肠感染等自律神经失调症状就会出现。长期睡眠不足会导致高血压、脑血管病、糖尿病等疾病。

(3) 导致体力和脑力明显下降，智力水平、注意力和决策能力也会受到不同程度的影响。睡眠不足会将大脑在单位时间内摄入的信息量减少将近一半，严重影响学习。

(4) 熬夜是肌肤的大敌。夜晚是人体的生理休息时间，该休息的时间不休息，会使脸色暗淡无光，还会长痤疮。过度疲劳，会造成眼睛周围的血液循环不畅，引起黑眼圈、眼袋或使眼睛布满血丝。

所以，要保证每天睡 7 ～ 8 个小时，坚持晚上 11 点前睡觉，形成科学的生物钟。如果特殊情况必须熬夜，熬夜后饮食则以高碳水化合物类食物为主，如面条、馒头、面包等。这些高碳水化合物能产生一种化学物质，使细胞活动减缓，有利于白天的睡眠休息，又能满足体内的新陈代谢。如果熬夜，天亮之前，一定要睡上 1 ～ 2 个小时，这段睡眠一般睡得比较熟，可以大大减轻疲劳。熬夜后的第二天中午一定要午休，以便快速消除疲劳。

贴士 2　不要贪睡，过犹不及

适度睡眠是美丽之源，但女孩的美并不是睡出来的。很多人以为消除疲劳就应该多睡觉，这种观念是错误的。

爱睡懒觉的人，睡眠中枢长期处于兴奋状态，而其它中枢由于受抑制的时间过长，功能就会相应减退，导致昏昏沉沉、无精打采，还会导致肥胖等疾病。过多的睡眠，会破坏心脏活动的规律，最终使心脏收缩乏力，全身无力。因为夜间休息后，肌肉和关节会变得松弛，醒后立即活动可使肌张力增加，也可使肌肉的血液供应增加，使骨骼、肌肉组织处于修复状态，同时将夜间堆积在肌肉中的代谢物消除，有利于肌肉组织恢复运动状态。由于睡懒觉，使肌肉错过了活动良机，起床后会感觉腿软、腰骶不适，周身无力。另外卧室中早晨空气最污浊，不洁的空气中含有大量细菌、病毒、尘埃和二氧化碳，对呼吸道有不良影响。那些闭门贪睡者，呼吸过多卧室内污浊的空气，容易患感冒等疾病。

贴士 3　制订计划，严格执行

(1) 制订科学的作息计划，并严格执行。执行计划要意志坚定，毫不动摇。有些人喜欢制定计划，但往往坚持不了，做事三天打渔两天晒网。只有严格遵守作息时间，才能保证规律的作息。

(2) 坚持每天定闹钟，把闹钟当做命令。无论是睡觉还是起床，严格遵循闹钟设定的时间。时刻提醒自己：良好的作息习惯是健康之源。

贴士 4　营造良好作息环境

(1) 在学校与室友充分沟通，达成按时作息的共识，创造良好的作息氛围。制定作息时间表，宿舍成员按时作息。宿舍熄灯后不聊天、不玩游戏、不玩电脑、不吃零食、不接待同学。养成晨练的好习惯，晨练是奠定一生健康的基石，非常重要，锻炼半小时，一整天都会感到精力充沛，学习效率也会提高。

(2) 在家请父母监督。在家的作息时间与在校保持一致，请父母帮助提醒自己早睡早起，督促自己按时起床，防止假日病。作息不规律是学生假日最大的问题。不能因为一放假就一切都放松，打破在校的作息规律，晚睡晚起。因为生长激素分泌主要在晚上，如果得不到充足的睡眠，生长激素分泌不足，会影响生长发育。

2. 月经期，百般呵护

妈妈听到的故事

花季的烦恼

依依是一名活泼开朗的女孩，年轻娇嫩，晶莹可爱，花朵般的面庞总是带着娇羞迷人的微笑，玲珑的身段充分展现着女孩柔美姣好的曲线。

这一天中午放学的时候，其他同学都像平时一样不紧不慢地收拾东西，依依却很反常地冲出教室，飞奔回家。依依走进家门后，爸爸迎了上来，温和地笑着说："呃，依依回来了！怎么这么早就放学了？好像不开心哦。"依依没有说话，进门之后，就飞快地冲向楼上的卧室，一屁股坐下，脸憋得通红。

妈妈觉察到了女儿的不对劲，于是她带着不安，关切地看着女儿，依依顿时哭了。妈妈揣度着女儿可能遇到的问题，当她问："宝贝，怎么了？发生什么事了？"她分明感到依依的哭声中有一种恐慌。于是她轻轻地、细细地询问起女儿来。

原来，这段时间，依依感到会阴部又痛又痒，内裤上有一股难闻的气味，似乎还有脓的痕迹。依依用手摸了摸，感觉那里长了个结节。她偷偷看了看，发现下面又红又肿。是不是要 Game Over 了？今天上课的时候更严重，觉得阴部针扎一样的疼痛，依依感到浑身发热，坐立不安，下课铃一响就冲出了教室。

另外，最近依依很苦恼地发现自己"好朋友"来的时间不规律，有的时候推迟五天，这些现象让依依很担心也很焦虑。

自己的身体到底怎么了？依依的心里有一种恐惧感。但女孩子本能的腼腆使她羞于说出口。依依自己不知道怎么办，也不敢对任何人讲。但是现在，她感到了一种恐慌，她觉得自己难以承受了。

看着妈妈关切的目光，依依讲了自己身体的不适，妈妈轻轻地抱着她，安慰她。然后，迅速带依依上医院。医生说依依得了前庭大腺炎，之所以出现上述情况，主要是因为没有注意保持会阴部的卫生引起的。不注意清洗会阴部，没有勤换内裤等习惯容易导致细菌滋生、繁殖。如果特殊时期用的卫生巾质量不好，也会加重感染。月经不规律主要是因为精神压力过大引起的，放松心情就会恢复的。

依依把医生的话牢记在心，病很快就好了。她暗自下决心：不偷懒，注意卫生，一定要让花季的伞遮住烦恼的雨丝，愉快地度过花开的季节。

妈妈的担忧

亲爱的女儿：

依依的经历让妈妈觉得对处在花季的你要给予更多的关注，所以妈妈觉得有必要给你写这封信。

月经是女性青春期开始的一个重要标志。月经来潮是由于卵巢产生的雌激素使子宫内膜增厚，卵巢周期性变化引起子宫内膜周期性增生、脱落及出血，是女性正常的生理反应。

宝贝，妈妈担心你月经期出现痛经不知道怎么做。很多女孩在月经开始的前几天会出现腹痛，有些疼痛比较轻，不会影响生活和学习，但重的疼痛会带来很大的不适。痛经是可以预防和减轻的，只要你注意生活中的一些小细节，就会减轻痛经。可你总是大大咧咧的，什么都不在乎。你还记得你大冬天不顾妈妈的劝阻吃冰淇淋导致肚子痛的情形吗？因为你的不听话，妈妈伤心了好几天。

宝贝，妈妈还担心你经期的防护措施没有做好。“好朋友”来的时候抵抗力减弱，这个时期如果不注意，很容易生病的。你上初中的时候，天气特别冷，妈妈怕你感冒，不让你洗头，但你还是坚持洗头，家里又没有电吹风，结果你头发都结冰了，最后导致了感冒。在月经期的防护问题上，妈妈希望你不要固执。妈妈不希望宝贝女儿的身体出现异常。

宝贝，卫生巾的问题你注意到了没有？妈妈曾经听说有一个女孩不注意外阴部的卫生，使用劣质的卫生巾结果导致会阴部红肿、瘙痒，患上了妇科疾病。妈妈还看到报纸上有一篇报道说卫生巾里发现了虫子，妈妈很惊愕。宝贝，超市有很多卫生巾，有带香味的、有棉质的、有网面的，你知道怎么正确选择卫生巾吗？

有时候，月经可能出现紊乱，宝贝，妈妈担心你面对这种情况会不会不知所措。

妈妈知道，在经期，你的心情可能会烦躁。宝贝，只要你能正确处理经期出现的问题，这些短暂的烦恼就会消失的。希望你有疑惑时第一个想到的是妈妈，让妈妈和你一起撑起花季的伞！

爱你的妈妈

妈妈的7个小贴士

贴士1　认识月经，摆脱困扰

女性由于卵巢分泌的性激素作用使子宫内膜发生周期性变化。子宫内膜每月脱落一次，脱落的粘膜和血液经阴道排出体外，这种现象为月经。

月经周期指月经规律性来潮的周期，即两次月经第一天的间隔时间，一般为28～30天，包括经前期、经间期和经后期。初潮后的一段时间，月经周期可能会出现不规律现象。少女通常会有一年左右的时间月经周期不规律，一旦月经周期建立，就会保持基本相同的模式。压力、焦虑、体重下降、居住地改变会导致月经周期不稳定。这些情况引起的周期紊乱，是可以通过调节恢复正常的。

月经期也叫行经期，一般3～5天，波动在正负七天范围内的周期一般都算正常。如果月经期长达10～20天或者经期极短，都是不正常的。第一天经血不多，第二三天增多，以后逐渐减少，直到经血干净为止。这是因为第一天子宫内膜脱落刚刚开始，第二、三天子宫内膜脱落增多，出血量增多，子宫受到刺激，加强收缩，把大量经血排出。经血量因人而异，一般 20 ～ 100 毫升。如果经血量过多，换一次卫生巾很快就湿透，甚至经血顺腿往下淌，这属于不正常的现象。精神过度紧张、环境改变、营养不良以及代谢紊乱等因素可以引起经血增多，长期经血增多会引起贫血，应查明原因，进行治疗。月经量过少也要注意，要排查子宫、卵巢不正常或全身性疾病。月经血一般不凝，只有出血多时才会出现血凝块。如果月经血呈暗红色、暗褐色，说明血少，不一定有病。

贴士 2　特殊时期，特别关爱

月经，俗称〞例假〞，是女性特有的一种生理现象。在例假期间，一定要特别呵护，否则容易患上妇科疾病，让你遗憾终生。

（1）月经期要注意合理安排作息时间，保证充足的睡眠。

（2）注意保暖，避免湿冷。月经期尽量避免寒冷刺激，特别是防止下半身受凉，如淋雨、洗冷水脚、洗冷水澡、坐凉地等，过冷容易引起卵巢功能紊乱，导致月经失调。

（3）避免过度疲劳。月经期机体容易疲劳，抵抗力降低，应避免精神和体力的过度疲劳，以免诱发疾病。

（4）不宜作剧烈运动，以免引起月经量增多或经期延长。

（5）特殊时期不适宜做身体检查，在这个时期做检查，尿液容易被经血污染，导致检查结果不准确。

（6）生理期间禁止性行为。因为经期子宫口处于微张状，在月经期子宫内膜有创面形成，如果进行性行为，容易感染炎症，导致子宫内膜炎、盆腔炎、附件炎等。

贴士 3　特殊时期，特殊饮食

月经期注意饮食的调整。月经期间，人的消化功能减弱，食欲欠佳，饮食宜以清淡、易消化为主。月经期经血的排出会造成红细胞的丢失，使身体流失大量的铁、钙、锌等矿物质，导致缺铁性贫血。

（1）月经期应多食用富含铁、锌等矿物质的食物，如猪肝、瘦肉、鱼肉、紫菜、海带、牛奶、豆奶或豆浆，以补充经血流失的矿物质。

（2）月经期避免吃辛辣等刺激性食物，以免引起月经紊乱。

（3）月经期要多喝水，多吃新鲜易消化的食物，避免发生便秘。

总之，月经期的饮食既要结合特殊的生理需要做调整，也要遵循平衡膳食的原则，确保身体健康。

贴士4　呵护私密，确保清洁

月经期由于脱落的子宫内膜随血液排出，阴道内酸性环境改变，宫颈口张大，使女性在月经期间容易感染，如果不注意卫生，会导致妇科炎症，甚至不孕症等疾病。

会阴部的清洗很重要，要勤清洗。会阴部的皮肤很敏感，清洗会阴部动作要轻柔，不要用毛巾用力搓洗。最好用清水清洗，因为泡沫剂含有香精和其它化学物质，可能会导致会阴部过敏。洗外阴用的盆必须专人专用，宜选择比脸盆小一些的搪瓷或不锈钢盆，最好不用塑料盆，因为塑料盆易老化，盆壁易粗糙，容易寄生细菌。要避免会阴部潮湿，防止滋生病原微生物。内裤需勤换勤洗，避免与其它衣物混在一起洗。

贴士5　精心选择，正确使用

卫生巾质量不好或使用不当会导致妇科炎症。

（1）卫生巾的选择因人而异，要根据个人的皮肤来决定。棉质卫生巾透气性比较好，不易形成病菌感染繁殖的环境。芳香类的卫生巾要根据自身情况慎重选择，选择不当会导致过敏。

（2）购买卫生巾时要细心挑选，确保质量。不要购买非正规厂家生产的或过期的卫生巾，因为劣质的卫生巾吸水性差，容易给会阴部造成潮湿的环境，潮湿的环境是病菌繁殖的温床。

（3）使用卫生巾时一旦出现瘙痒、过敏等症状，要及时更换。月经期要勤换卫生巾，最长不要超过四个小时，否则容易滋生病菌，导致阴道炎。

贴士6　调节情绪，开心度过

女性在经期内分泌激素的变化会影响精神状态，导致易怒等情绪。经期应与平时一样保持愉快的心情，防止情绪波动。遇事不要激动，保持稳定的情绪极为重要，如果情绪激动，容易引起气滞，进而导致痛经。可以选择听音乐、看娱乐性的节目、聊天等方式放松心情。

贴士 7 认识痛经，消减疼痛

痛经是指月经期间出现的疼痛。痛经常在月经期前一两天开始，或在出血时发生。痛经分为原发性痛经和继发性痛经。

（1）原发性痛经是找不到病因的痛经，对于年轻女孩来讲，大部分痛经属于原发性痛经，平时进行一些体育锻炼，如跑步、做操等，可以减轻痛经。痛经时保持身体暖和，可在腹部放置热敷垫或暖手宝，这样也可以加速血液循环，使气血通畅，缓解疼痛。

（2）继发性痛经是由已知的医学原因（如子宫内膜异位症或者子宫肌瘤）引起的痛经，需要到医院诊治。

3. 科学饮食，吃出健康

妈妈听到的故事

舌尖上的苦果

小慧从小生活在偏远的农村，由于家庭贫困，从小就经历着苦难的生活，承受着多舛的命运。

三岁那年的一个雨天，父母在外劳作，小慧一个人在家玩耍。突然间，电闪雷鸣，大雨滂沱，小慧的父母疾步回家，突如其来的一声巨雷，母亲倒在了泥地上，再也没有站起来。这之后，小慧就与父亲相依为命。就在同一年，洪水卷走了父女俩赖以生存的茅屋。“幸运”这个词对于这一家来说太奢侈了，从没降临过。

小慧从小就乖巧懂事，学习刻苦。她生活节俭，经常吃一些腌菜和馒头。为了筹集学费，小慧边学习边打零工，吃饭极不规律，常常饱一顿饥一顿的。为了考大学，小慧总是咬紧牙关。终于皇天不负苦心人，2008 年，小慧考上了湘潭的一所大学。如果命运的车轮不偏离轨道，她应该在三年之后就能实现当初向父亲许下的诺言：“赚钱，把家里的债还清。”但她没有料到，不幸会再次降临。

大学一开始，小慧就找了一份兼职。由于既想把兼职做好，又不耽误学习，每次吃饭都是匆匆忙忙地，有时几分钟就把饭吃完了。就这样，时间一长，她有时感觉肚子很痛，尤其是吃了生冷食物后，胃部很不舒服。到底怎么了？小慧不是那种娇气的女孩，她琢磨着，也许是一时吃坏了肚子，过段时间就会好的。可是过了一段时间，小慧仍经常感觉胃部不适，尤其是空腹的时候，感觉胃有些痛。“需要上医院吗？”小慧想。可是手上没钱，也不想开口问父亲要。就这样，她一再拖延，人也日益消瘦，精

KA

神萎靡不振。

“快来人呀，出事了。”有同学在大声叫喊。原来是小慧晕倒在地上。同学们急忙把小慧送到了医院，医生说小慧晕倒是因为营养不良导致了低血糖，还因为不按时吃饭而导致了胃溃疡。这对小慧来说无疑是个天大的打击。爸爸知道后迅速赶到医院，他埋怨女儿：“你怎么不好好爱惜身体呢？爸爸只希望你健健康康的，其它的都不重要。”

小慧的初中同学小洁说，事实上，小慧初中寄宿时，就是每天一个面包或一碗粥。大学室友谭晶雅说，小慧很要强，吃饭时总不和她们一起，有时看见她吃得很少。这件事引起了很大的反响，很多同学向小慧伸出了援手。

此后，小慧开始按时吃饭，注意营养。她希望病情赶快好转，不要爸爸为她担心，也别再为她治病而操劳。

妈妈的担忧

亲爱的女儿：

妈妈听到小慧的故事后，心里很难受。小慧从小失去母亲，为了减轻家庭负担，她省吃俭用。长期不良的饮食习惯和生活方式导致小慧得了胃溃疡，这是乖乖女的傻行为。合理的饮食是维持人体生命机能的源泉，是健康的基础，不合理的饮食无异于透支健康。

饮食是维持生命的基本条件，要想活得健康愉快，充满活力，则不仅仅要满足于吃饱肚子，还必须考虑饮食的合理。人们往往只注重食物的口味，年轻人则更喜欢图方便，随便凑合，结果总是忽视饮食的营养、卫生等重要因素。

你现在住校，不在我们身边，妈妈真担心你不按时吃饭或者觉得不好吃就不吃。情绪不好时不吃饭，手中的事没做完，也不按时吃。而一旦觉得饿了，或者遇到对胃口的食品了，就一口气吃个够，把胃撑得满满的，这是最要不得的。

有些孩子有挑食、偏食、以零食代替主食的习惯。在这方面，你是妈妈的乖女儿，没有这些不良的习惯。但是妈妈提醒你，买一点健康的食物和水果放在宿舍，以补充学习疲劳时的营养是必要的，不要图省钱就舍不得买。在学校食堂进餐时，要参照一些营养书籍所提示的营养搭配方法，学会荤素搭配，不要长时间只吃一两个品种的菜肴。

还要防止食物中毒。现在不论是在超市还是街摊，食品占据着市场大量份额。这么多食物，如何吃才能保证饮食的安全？妈妈很担心你不懂得食品安全知识吃坏了身体，出门在外，哪些东西不能吃，哪些东西可以吃，怎么才能避免吃进含有毒素的食物？这也是一门生活学问。

饮食决定身体的质量。谁掌握了健康的钥匙，谁就掌握了生命的主动权。女儿，把自己照料好，让妈妈少挂心，你的健康就是给妈妈最好的礼物。

爱你的妈妈

妈妈的10个小贴士

贴士1　科学饮食，健康之源

食物含有人体健康所需的蛋白质、脂类、碳水化合物、矿物质、维生素。为了维持机体的健康，保证机体的生长发育，必须从食物中获取一定的营养。

当人体从食物中获取的能量、营养素低于或高于身体的需要量时，身体就会出现损伤。长期营养不足会降低身体抗病能力，导致营养不良、贫血等疾病。营养过度容易导致肥胖症、冠心病、糖尿病等疾病，甚至危及生命。食品的卫生状况与人体健康也密切相关，若食物中带有细菌、霉菌等有害物质，摄入体内，可引起急、慢性中毒。饮食习惯对身体健康起着重要的作用，只有遵循健康的饮食法则，才能享受健康的人生。

贴士2　合理搭配，均衡饮食

饮食贵在多元化，合理搭配。食物的种类要多，食品搭配要均衡，均衡饮食在营养成分和生理功能上起着纠偏补缺的作用。

营养专家建议：食物多样化，谷类为主，粗细搭配；多吃蔬菜、水果和薯类；每天吃奶类、大豆制品，常吃适量的鱼、禽、蛋和瘦肉；减少烹饪时油的用量，吃清淡少盐的食品。平衡膳食是指多种食物经过适当搭配做出的膳食，这种膳食能满足人们对能量及各种营养素的需求，这些食物的营养素之间能相互配合，相互制约。平衡膳食宝塔（见附图）提出了一个营养上比较理想的膳食模式，平衡膳食宝塔分五层，包含我们每天应吃的主要食物种类，各层面积不同，反映出各类食物在膳食中所占的比重也有区别，强调摄入的各类食物之间的合理搭配。各类食物的摄入量一般是指食物的生重，谷类是面粉、大米、玉米粉、小麦、高粱之类的总和，蔬菜和水果不能完全相互替代，鱼、虾及其它水产品，有条件可以多吃一些，猪肉不应该吃得过多，蛋类含胆固醇高，一般每天不超过一个。

贴士3　一日三餐定健康

有规律地进餐，定时定量，有助于消化腺的分泌，有利于消化吸收。一日三餐要遵循这样的规律：早餐要吃好，午餐要吃饱，晚餐要吃少。要做到每餐食量适度，每日三餐定时，到了规定时间，不管饿不饿，都应按时进食，避免过饥或过饱。

(1) 早餐要吃好。健康的一天从早餐开始。早餐是全天能量和营养的重要来源，早餐吃好了，可以提高学习和思考能力。一顿营养充足的早餐应该包括：面包、米粥等碳水化合物，肉类、鸡蛋、牛奶等动物性食品，以及豆浆、新鲜蔬菜和水果。“早餐不吃也无妨”这种说法是不科学的，不吃早餐影响身体发育、导致身体发胖、容易得胆结石、胃病。

早餐食物宜稀不宜干。用面包、糕点或饼干等“干食”当早餐会降低体力和脑力，导致身体抵抗力下降。另外人在清晨起床后，胃肠消化功能比较弱。如果早餐吃面包、饼干等食物，则要同时喝一些豆浆、牛奶之类的流质食品，这样有利于胃肠消化。

(2) 午餐要吃饱。午餐的食量（或热量）应占全天的 40 ～ 50%，午餐不仅是人体一天中提供热量最多的一餐，而且还要为下午准备必需的热能，因此午餐一定要吃饱，才能保证足够的热量。要按蛋白质 30 ～ 40 克、糖 180 克、脂肪 30 克左右的配置安排好午餐，既要保证热能和各种营养成分，又要保证吃得顺口、舒服。

(3) 晚餐要吃少。由于晚饭后至次日清晨的大部分时间是在床上度过的，机体的热能消耗并不大，所以晚餐应选择含纤维和碳水化合物多的食物。饮食宜清淡，少吃那些富含热量的食品，如米饭、面食及油脂性食物，多吃蔬菜和水果，这样可以保证机体有充分的维生素和无机盐的摄入。

贴士 4　勿把零食、水果当正餐

不要把零食、水果当主食。长期把零食、水果当正餐的危害是：人体缺乏蛋白质类的物质，会导致营养失衡，引发疾病。不吃主食或少吃主食会造成能量摄入不足。谷类中的膳食纤维、矿物质和维生素是其他食品所缺乏的，尤其是膳食纤维对降低血糖和血脂有积极作用。水果虽然含有多种维生素和糖分，但缺少人体需要的蛋白质和微量元素。长期以水果当正餐容易导致贫血和营养不良。零食过量会影响食欲，妨碍正餐的摄入量，致使各类营养摄入量不足，容易导致精力不济，注意力难以集中。

贴士 5　进餐方式很重要

细嚼慢咽是最重要的。进食速度过快会加重胃的负担，容易发生胃炎和胃溃疡；狼吞虎咽会使食物消化吸收不全，导致营养成分的流失。

边走边吃、边吃边唱、边吃边看电视、边吃边玩电脑等习惯有损身体健康。边走边吃、边吃边唱会使整个消化系统不能专一协调地工作，唾液、胃液不能正常分泌，长时间会导致胃炎、胃溃疡等疾病。电视机会产生高浓度的溴化二恶英和其他溴系有毒物质，这些剧毒化学物主要是电视机内的阻燃物在高温时裂变、分解产生。边看电视边吃饭，溴化二恶英容易附着在食物上。用餐时及餐后长时间坐在电脑前会使肠胃功能减退。

贴士 6　偏食、挑食危害大

偏食挑食是不良习惯，很容易造成营养缺失，对生长发育很不利。偏食挑食还会导致体质虚弱、机体抵抗力差，影响身体健康。长期偏食精细食品，会导致胃缩小、胃动力不足、消化力减弱。因此要采取粗细搭配的原则，尽可能多吃一些富含膳食纤维的食品，如杂粮、麦片及胡萝卜、竹笋等。“粗食品”包括纤维素、果胶、木质素等，对人体来说纤维素没有直接的营养价值，但是“粗食品”可以刺激胃肠蠕动、吸附毒素、清扫肠道、预防疾病等，是其它营养素不能替代的。

挑食、偏食有以下几种方法可以应对：

（1）使用不同的烹调方式。比如对于不喜欢吃鸡蛋的人，可以把鸡蛋打碎做成饼。

（2）如果对某种食物挑食，则用营养成分相当的食物予以取代。

（3）用一些小游戏和心理暗示，或者和朋友一起吃饭，创造良好的就餐氛围，刺激味蕾。

贴士 7　暴饮暴食，隐患多

暴饮暴食不仅指仅凭口味大吃大喝，还包括空腹、饥饿状态下的快速进食。

暴饮暴食后会出现头昏脑胀、精神恍惚、胃肠不适、腹泻等症状，严重的会引起急性肠胃炎，甚至引发心脏病。大鱼大肉、过量饮酒会使肝胆超负荷运转，肝细胞代谢速度加快，胆汁分泌增加，造成肝功能损害，诱发胆囊炎，使肝炎病情加重，还会使胰液大量分泌，十二指肠内压力增高，诱发急性胰腺炎，甚至危及生命。

避免暴饮暴食，要做到饮食节制，饥饱适中，节日期间尤其要注意节制饮食。

贴士 8　防止病从口入

(1) 养成饭前、便后洗手的好习惯。手很容易粘染上病原微生物，指甲缝里更是细菌极易藏身的地方。如果饭前便后不洗手，就会把细菌带入口中。平时要及时修剪指甲，避免指甲缝里藏细菌。外出不便洗手时，一定要用酒精棉或消毒餐巾擦手，筑好卫生饮食的第一道防线。手机上藏有大量的细菌，要摒弃边吃零食边玩手机的习惯。

(2) 不吃无生产日期、无生产厂家、无质量合格证的“三无”食品，尽量少食用隔夜的食物。蔬菜、水果一定要清洗干净再烹饪食用。餐具、器具要卫生，避免滋生细菌。尽量使用专用餐具，避免交叉感染。加工生鱼、生肉的器具，用后一定要彻底清洗，切生熟食品的砧板要分开，谨防病菌粘附在食品中。

(3) 在外吃饭，绝对不能吃没有加热、消毒的食物。没有加热的食物可能含有细菌，食用后容易导致肠道感染。

(4) 远离有毒动植物食品，不食用不认识的野生动物、野生菌类、野菜和野果，以免误食中毒；不食用死因不明的禽、畜及水产品；不随意乱搭混吃食品，以防营养相克甚至中毒。

(5) 不要吃变了质的食物，少吃咸菜、油炸食品，这些食品里含有亚硝酸盐，长期食用容易致癌。冰箱里存放太久的食物也不能吃。

贴士 9 餐后习惯有说道

餐后不要饮茶，茶的某些成分不利于食物的吸收；餐后不要马上睡觉，以免发胖；餐后不可进行剧烈运动；也不宜立即洗澡，餐后立即洗澡会使四肢、体表的血流量增加，造成胃肠道的血流量减少，从而使胃肠的消化功能减弱。

贴士 10 一旦中毒，立即就医

一旦因饮食不当出现恶心、呕吐、腹泻、腹痛、发热等症状，应立即就医，并保留食物样品、呕吐物、排泄物等用来化验。

附 1：女性每天必须摄取的八大营养物质

(1) 叶酸。叶酸是人体在利用糖和氨基酸时的必要物质，是机体细胞生长和繁殖所必需的物质。叶酸对细胞的分裂生长及核酸、氨基酸、蛋白质的合成起着重要的作用。人体缺少叶酸可导致红细胞的异常、未成熟细胞的增加、贫血以及白细胞减少。最佳来源：扁豆、豌豆、莴苣、菠菜、花菜、桔子、草莓。

(2) 维生素 B_1。维生素 B_1 是人体能量代谢，特别是糖代谢所必需的。当身体缺乏维生素 B_1 时，热能代谢不完全，会产生丙酮酸等酸性物质，进而损伤大脑、神经、心脏等器官。最佳来源：豆类、蛋类、花生、坚果、动物肝脏、芹菜叶。

(3) 维生素 C。维生素 C 能促进某些营养的吸收，对人体健康至关重要。使难以吸收利用的三价铁还原成二价铁，促进肠道对铁的吸收，提高肝脏对铁的利用率，有助于治疗缺铁性贫血。严重缺乏维生素C可引起坏血病。维生素C能促进胶原蛋白的合成，防止牙龈出血，关节痛，腰腿痛；能使皮肤黑色素沉着减少，从而减少黑斑和雀斑，使皮肤白皙光滑。最佳来源：花菜、青椒、葡萄汁、哈密瓜、橙子、草莓。

(4) 维生素E。维生素E有抗氧化功能，为正常生长和发育所必需。维生素E缺乏会出现上皮细胞变性，皮肤粗糙，免疫力异常。最佳来源：坚果、瘦肉、乳类、蛋类、压榨植物油。

(5) 钙。钙除了是骨骼发育的基本原料、直接影响身高外，还在体内具有其他重要的生理功能。这些功能对维护机体的健康，保证正常生长发育的顺利进行具有重要作用。钙能帮你减轻疲劳，加速体力的恢复，缺钙会使神经变得紧张，脾气暴躁、失眠。最佳来源：海参、虾皮、奶制品、小麦、大豆。

(6) 铁。铁是人体内含量最多的一种必需微量元素，人体内铁的总含量约为4～5克，铁在人体中的功能主要是参与血红蛋白的形成而促进造血，是血红蛋白的重要部分。铁缺乏可以导致贫血，行为和智力等方面出现异常。最佳来源：肉、蛋黄、动物肝脏、菠菜。

(7) 镁。镁是维持人体活动的必需元素，具有调节神经和肌肉活动、增强耐力的功能。镁缺乏可致血清钙下降，神经肌肉兴奋性亢进。最佳来源：紫菜、小米、玉米、黄豆、苋菜、桂圆、荞麦、豆腐、杏仁、葵花子。

(8) 锌。锌与代谢及酶的构成有密切的关系。锌缺乏会出现生长发育减慢、免疫功能降低、消化功能减退等症状。最佳来源：瘦肉、猪肝、海参、花生、牡蛎。

附2：合理膳食五五诀

五个数字

(1) 每天1杯牛奶或两杯豆浆，确保250毫克的钙。

(2) 每天250～350毫克的碳水化合物，相当于6～8两的主食。

(3) 每天3～4份高蛋白食物(50～100克肉）。

(4)4句话：有粗有细，不甜不咸，三四五顿，七八分饱。

(5) 每天500克的蔬菜和200克的水果，能减少癌症发病率一半以上。

五种颜色：红、黄、绿、白、黑。

(1)"红"指红色食物。一天吃一到两个西红柿、红辣椒，饮适量红葡萄酒，可以改善情绪。

(2)"黄"指黄色蔬菜。如：胡萝卜、红薯、南瓜等，这些食物富含胡萝卜素，可以延缓皮肤衰老，而且对肝脏有益。

(3)"绿"指绿茶以及绿色蔬菜。绿色食物含有大量的维生素和人体必需的各种纤维素，可以提高免疫力。如：芥菜、菠菜、小白菜、包菜等。

(4)"白"指白色的食品。如燕麦粉、燕麦片，不但降低胆固醇，降低甘油三脂，对于糖尿病人和减肥的人也有很好的效果。

(5)"黑"指黑木耳。可以降低血液的黏度，可以防治缺铁性贫血，能养血驻颜，令肌肤红润，容光焕发。

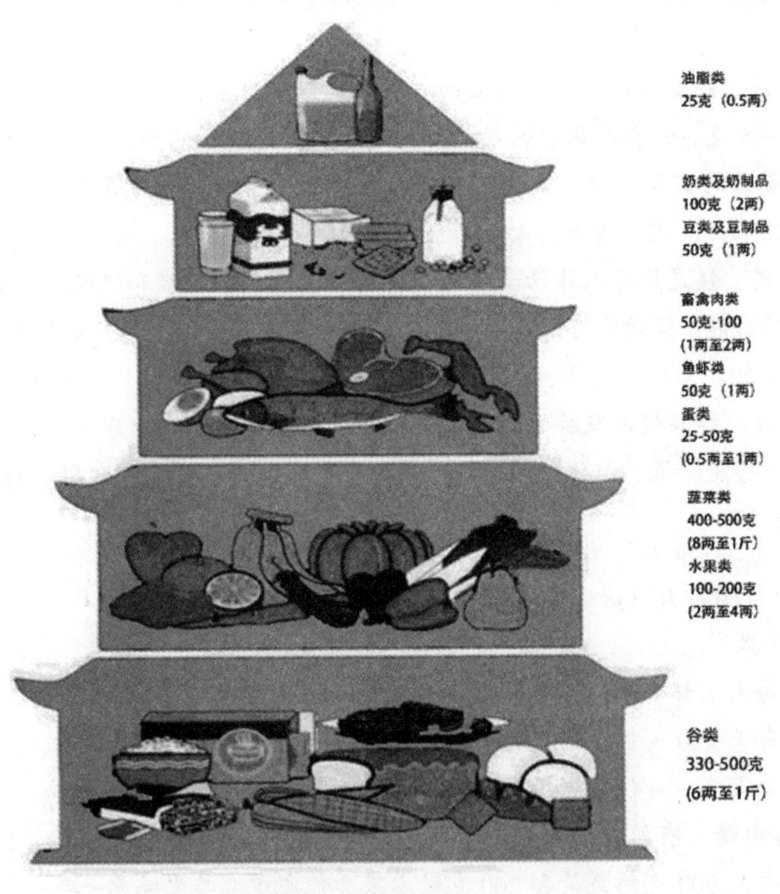

（附图：中国居民平衡膳食宝塔）

4. 女性疾病，重在预防

妈妈听到的故事

透支的“幸福”

漫长的盛夏过去了，单纯漂亮的小越迎着初秋的阳光进入了梦寐以求的大学校园。青春期的女生总是萌动着万千遐想，面对懵懵懂懂的爱情，她们觉得已经等了很久。然而，突然降临又让她们感到惊慌失措，于是有了太多的无可奈何、太多的无法自拔。小越也不例外，在学长的猛烈攻势下，心甘情愿地当了学长身边的小绵羊。

一丝丝初恋的甜蜜沁入了小越的生活，学长的温柔体贴让小越失去了理智的判断和心理的防线。对于小越来说，爱情胜过一切。小越生日那天，学长领着小越来到一家富丽堂皇的宾馆，打开房门的瞬间，满房间的玫瑰花香彻底征服了她。初尝禁果的小越幸福之中又带着忧虑，但回想起那天的幸福，她一再说服自己：幸福是要付出代价的。

幸福还在继续……但是小越的精神越来越差，最后不得不去医院。拿到化验单的那一刻，小越瘫坐在地上：她怀孕了！惶恐的小越不敢给父母打电话，她颤抖地拨通学长的电话。学长急忙赶到医院，抱着小越，轻轻地说：“打掉吧！”小越含着眼泪无奈地答应了。

几天以后，躺在手术台上的小越，任凭医生的摆布，她心里的悔恨已经胜过了疼痛。当小越从手术室出来的时候，已经没有一丝力气，学长紧紧抱住虚弱的小越说了很多对不起。小越觉得这个时候只有学长能够帮助自己，让自己有一份依靠。

回到学校的小越依然延续了这段恋情。但是，在经历这件事情后，身边的朋友都离她而去，只有学长一如既往的关心爱护她，这更加坚定了小

越的信念：学长就是她的一切。

生活回到正轨后，幸福还在延续。小越与学长的爱情越来越甜蜜。最终，她越选择了和学长生活在一起。当学长把钥匙交到她手上的时候，她觉得自己是世界上最幸福的人。每天，他们一起上学，一起回家，一起买菜，一起做饭。邻居们看见了都以为他们是一对新婚的小两口，小越也觉得这样的日子特别幸福。然而，甜蜜的同时也伴随着很多痛苦。小越已经怀孕多次，堕胎带来的只有疼痛，而这种疼痛已经把未来的幸福彻底透支了……

渐渐地，小越发觉自己月经失调而且腹部疼痛难忍。同时，双方还要从父母给的学费中支付房租，经济上常常捉襟见肘。这样的日子让小越心里越来越烦，经常与学长为一点小事大吵大闹，幸福越来越淡。最后，毕业之际的小越搬离了出租房。

毕业后，小越开始了上班族的生活。以前的生活就像一场梦，唯一让她印象深刻的是缠绕她多年的病痛。随着年龄增长，小越经不住父母喋喋不休的催逼，终于决定结婚了。但是噩梦仍然没有结束，婚后小越一直没能怀上孩子。医生说由于之前多次堕胎，小越患上了不孕症。

妈妈的担忧

亲爱的女儿：

故事中傻姑娘小越的结局让妈妈特别难受，也对你有了更多的担忧。妈妈想告诉你，女孩一定要爱惜自己。

宝贝，妈妈要告诉你的是，有些男孩为了满足自己的欲望，往往用“爱”做标签，用“体贴温存”做幌子，对女孩实行“甜蜜”的伤害，这实际上是一种“温存”的性侵害。小越的那个男朋友，如果真心爱小越，就要理性地克制自己，为女孩的健康着想，而不至于使自己心爱的女孩堕胎，把女孩的身体拖垮。他难道不知道，女孩是水做的骨肉，十分脆弱吗？

妈妈还想告诉你，女孩在恋爱时一定要守身如玉。因为身体是自己的，一旦染上疾病，男孩的爱怜是难以持久的，甚至会立即产生厌弃的心理。这时候，你以牺牲健康为代价换取的爱情，很快会成为过眼烟云。

当然，在你尚未坠入爱河时，平时也要预防女孩们容易患上的一些生理疾病，如妇科炎症、乳腺疾病等。女孩往往因为羞怯而遮遮掩掩、讳疾忌医。身体不适，可以和要好的闺蜜一同看医生或者及时告诉妈妈，因为这些都是妈妈特别担忧的。

爱你的妈妈

妈妈的5个小贴士

贴士1 讳疾忌医，贻误病情

常见的女性疾病有乳腺增生、乳腺腺瘤、阴道炎、外阴炎、尿路感染、子宫肌瘤等。而乳腺增生、乳腺腺瘤等是未婚女性较常见的疾病。阴道炎、宫颈炎、尿路感染于已婚女性较多见。如果发现乳腺出现结节、乳头溢液、阴部瘙痒、发热，排尿疼痛等症状，一定要及时告诉父母，及时就医。有些女孩因为羞涩而遮遮掩掩，延误了诊治时间，就会导致疾病的加重。

贴士2 乳房护理，不可轻视

从女孩进入青春期以后，胸部就开始发育。雌激素、孕激素对乳房的发育起着重要的作用。乳房的护理对女性很重要。

(1) 及时佩戴胸罩。乳房发育至乳头到胸壁皮肤反折处的下缘超过10cm，就应佩戴胸罩，保护乳房，预防乳房下垂。胸罩以大小合适，不产生压抑感为宜；乳罩的肩带松紧应可以调节，不宜太松或太紧；乳罩突出部分间距适中。质地以纯棉胸罩为佳，不宜选化纤类。睡觉时要脱下胸罩，让乳房和心脏得到充分的呼吸和休息。

(2) 每天做徒手操，平时多挺胸、扩胸，也可以做俯卧撑、引体向上等运动，能促进乳房良好发育。瑜珈可以调整荷尔蒙的分泌，起到卵巢保养的作用，也利于乳房的发育。按摩乳房可以促进乳房的发育。

(3) 要经常清洗乳房，保持乳房的清洁卫生。清洗时要用温水，勿用过热或过冷的水刺激乳房，乳房周围毛细血管密布，过热或过冷的水刺激都不利于乳房发育。不要常用香皂清洗乳房，常用碱性的香皂容易碱化乳房的皮肤，使皮肤老化。

（4）不要挤压乳房。乳房受到外力挤压，内部软组织易受到挫伤引起增生；受到挤压后易改变外部形状，使上耸的双乳下垂。睡姿以仰卧为佳，不要长期朝一个方向侧卧。不可乱按摩乳房，正确的按摩方法：自下而上、自外而内，使用与需要按摩的乳房相反方向的手掌，从下方往上轻推乳房，自乳房的外侧向内侧轻推。

（5）避免抑郁、沮丧等不良情绪。不良情绪容易导致卵巢功能失调，诱发乳腺增生、乳腺癌等疾病。避免接触放射性物质和致癌的化学物质，避免酗酒、食用高脂肪食品，这样可避免患乳腺癌。家族中有乳腺癌病史的女性，要定期体检和自我检查（方法见附注）。乳房自我检查最好在每个月的同一时间做，以便于发现变化，最佳时间是在月经期刚结束时，那时的乳房最不敏感，也最平滑。如果发现乳头凹陷、乳房内有肿块、乳头有分泌液等异常情况，要立即就医。

贴士 3　防治炎症，重在细节

由于生理结构的原因，女性容易患泌尿系统炎症和生殖系统炎症。若不及时治疗，容易扩散，甚至转变为慢性炎症，导致久治不愈。因此应该做好预防。

（1）预防泌尿系统感染。尿道的开口离肛门非常近，肛门内有大量的细菌。女性的尿道较短，细菌很容易通过尿道逆行进入膀胱，引起泌尿系统感染。泌尿系统感染会出现尿频、尿痛、尿急等症状。平时应从以下方面预防：不要憋尿，排尿后特别是大便后，要从前向后擦拭，避免细菌从肛门带到尿道。

（2）预防阴道炎。阴道炎常见的症状是：阴道瘙痒，阴道灼热感，白带增多、有异味、颜色异常等。有些是通过性行为直接传染的，有些是通过间接感染的，如公共浴池、公用毛巾、游泳池等。平时注意以下方面：不要穿束身衣，不要穿尼龙连裤袜，最好穿纯棉内裤，保持下身干燥。

贴士 4　认识性病，预防为重

性传播疾病是指以性行为为主要传播途径的一组传染病。性传播疾病可以感染任何有性行为的人。常见的疾病有梅毒、淋病、艾滋病、尖锐湿疣等。患上性病将给患者带来严重的身心痛苦。一旦感染了某种性病，那么患上其它类疾病的风险也会大大增加。有些性病如淋病、非淋菌性尿道炎等会产生合并症，有的性病还会引起生命危险。对于女性来讲，引起性疾病的病原菌也可能引起盆腔炎，影响子宫、输卵管和卵巢，严重时会导致不孕。性病影响家人，夫妻一方患性病，另一方被传染的机会达70%左右。另外也可能通过日常生活中的密切接触传染给家庭的其他成员。性病可通过直接或间接方式传染给婴幼儿或胎儿，影响后代健康。患有性病的孕妇，其梅毒螺旋体、衣原体等可通过胎盘传染给胎儿，引起流产、早产、胚胎死亡、胎儿畸形等。性病也可以通过产道传染给新生儿，增加新生儿的死亡率。

性传播疾病有或长或短的潜伏期，有隐蔽性，因此容易被忽视。一般发现时症状往往比较明显，如发生不洁性行为接触后，皮肤出现皮疹、红斑，生殖器出现溃疡，应及早到正规医院进行诊断和治疗，不能自己随意买药吃，不要到非法小诊所医治，到非法私人诊所不仅得不到规范治疗，还会延误病情。

避免性病的感染和传播可以从几个方面做起：

(1) 女大学生要慎重地对待性，不要随便和恋人发生性行为。

(2) 坚持使用避孕套，确保安全性行为。因为避孕套可提供一种物理屏障，避免直接接触性伴侣的体液或血液，可降低感染性病的危险。使用避孕套时应检查有无破裂，避孕套使用方法不正确会降低预防效果。

(3) 不与他人共用注射器、针头。

(4) 必须输血或使用血液制品时，要确认所用的血液及血液制品是否经过严格检测。

贴士5 意外怀孕，理智处理

意外怀孕指的是已婚女性计划外怀孕或者未婚女性怀孕。意外怀孕后的堕胎对身体有很多危害，堕胎可能导致月经改变，因为人工流产手术会扰乱女性的月经周期；堕胎有引起子宫穿孔的可能，还可能导致不孕症的发生；多次堕胎会导致习惯性流产；堕胎会影响女性和伴侣之间的关系。

发生意外怀孕时，应理智处理：

(1) 进行早孕检查，判断是否真的怀孕。有性生活史的女性出现停经、早孕反应、尿频、体温升高等症状要考虑怀孕的可能，停经是指月经到期不来超过10天以上；早孕反应指在停经以后孕妇会逐渐感到一些异常现象，如：畏寒、疲乏、嗜睡、头晕、食欲不振、恶心、呕吐等；尿频是指没有尿路感染时出现的尿急症状。怀孕时乳房还会出现乳头增大、乳晕颜色加深等现象，可以通过试纸法、测基础体温、B超等方式进一步确认。

(2) 发现意外怀孕，应及时与家长沟通，正确处理。如不能与家长沟通，找好朋友陪伴处理。如果准备人工流产，不要私自到小诊所处理，不规范的处理措施会给身体带来严重的后果，如导致感染、不孕等。

(3) 如果堕胎手术后三个月未恢复月经，必须及时去医院做相关检查。

为了避免意外怀孕，女生应特别注意：对待性关系，应慎之又慎，理性拒绝。

附：乳房自检方法：

(1) 双手自然下垂，对着镜子检查双乳，查看乳房的外观、乳头颜色、乳头所处位置、是否有湿疹等。

(2) 双手举高置于头后方，挺胸并观察乳房大小或外形有没有改变。观察表面有没有下凹或皱缩的情形；身体前倾，观察皮肤上是否有细小皱褶、乳头是否内陷。左右转动身体，分别从正面、侧面等不同角度观察乳房。

(3) 以拇指和食指轻轻挤压乳头，检查有无溢液情况。有少量白色分泌物为正常现象，如果有出血或有异常分泌物，应立刻咨询医师。

(4) 在平坦的地方躺下来，在一侧的肩下垫上小枕头或折叠的毛巾，并将同侧的手枕于脑后，另一只手触压乳房检查，检查时用手指指腹进行，保持手指与乳房皮肤平行，检查是否有肿胀或肿块，检查范围必须到腋下为止。

5. 穿着化妆，勿损健康

妈妈听到的故事

都是紧身裤惹的祸

小玉是一个活泼开朗，爱美爱打扮的女孩。自从看到许多女明星穿上紧身衣凸显出曼妙的身姿，她就开始对紧身衣感兴趣了。她一改往日的休闲风格，换上紧身的衣服。第一次穿上紧身衣时，她很不适应，感觉四肢被牢牢地束缚了，怪怪的，很不自在。但站在镜子前看到自己那苗条的身材时，她满意地笑了，心想：为了这“魔鬼”般的身材难受点也不算什么。

果不其然，当小玉走在人群中，人们的目光就会不约而同地投向她。这种极高的回头率增添了小玉的自信，于是她更加喜爱紧身衣，而且一发不可收拾，她开始在商店里疯狂购买各种样式的紧身衣。她希望成为别人眼中的美女，认为穿紧身衣是凸显身材的最好方式。不管是在家里还是学校，永远是一身紧身衣，以至于给人的第一印象就是一个身材姣好自信满满的女孩。即使是在月经期，依旧如此，从来没有改变。

穿紧身衣成瘾的小玉，突然有一天发现自己的阴道发生了变化：以前内裤很干燥也很干净，但现在内裤却经常湿湿的，感觉像尿了裤子一样。开始小玉并没有太注意，认为这可能只是一个阶段性的小问题，大可不必放在心上，大不了以后一有尿意就上厕所，天天更换内裤。但是，后来小玉在不经意间突然意识到：已经连续几个月都有内裤湿湿的现象，尤其是在月经前、阴雨天的时候内裤不仅是湿的而且发黄。

这一发现把她吓了一跳，小玉开始担心自己是不是有什么病，并观察阴道分泌物，她发现：白带量明显增多，而且还变得稠厚，形状如豆腐渣。小玉回想，以前，白带量少，呈透明状。另外，她还发现身上有一股难闻的气味，这气味令她浑身不自在，感觉很是难堪。紧身衣带给她的自信就这样被一点一点地被剥夺掉了，原本亲切随和、喜欢与人打交道的开朗性格也因此而改变。由于身上气味难闻，她不好意思和别人坐一起，甚至不敢在人多的地方停留。但是，小玉依旧穿着紧身衣，由于害怕别人发现她身上的气味而嘲笑她，她不再在大庭广众之下侃侃而谈，看到人多的地方就尽量避开。她的变化令同学感到诧异，仿佛一夜间小玉变得孤傲冷漠、难以接近，她的朋友也越来越少了。

小玉对此感到十分难过，而这种隐痛又难以启齿。她郁郁寡欢，寝食难安，做什么事情都无精打采，精神几近崩溃。最后她实在没办法，就到医院检查。

医生告诉她："患了霉菌性阴道炎。"小玉一脸迷惑，怎么也不相信自己会患这种病。医生看着小玉一身紧身衣的装扮，叹了口气说："你经常穿紧身衣吧？现在年轻人最容易患这种病，尤其是像你这样爱美的女孩。由于长期穿紧身衣裤，不透气，而导致霉菌在阴道滋生，而感染上霉菌性阴道炎。"

听了医生的话，小玉怎么也不相信自己一直引以为豪的紧身衣居然会是难言之病的罪魁祸首。看着小玉那难以置信的表情，医生说道："爱美之心，人皆有之。但爱美也要讲究科学性，不要盲目追求美。当然你也不要太担心，这种病也不是什么不治之症，以后多注意，按时吃药，积极配合治疗，很快就会痊愈。"

小玉轻轻地"嗯"了一声，又不安地问："医生，请问我应该怎么避免疾病恶化呢？"医生笑着说："以后不穿或少穿紧身衣裤，同时还要注意阴部卫生。内裤的质地一定要是全棉的，要做到天天换洗，内衣裤最好拿到太阳底下暴晒。"

离开医院之后，小玉做的第一件事就是换衣服，全身上下里里外外都换了。在穿上宽松衣服的那一刻，小玉感觉全身的肌肉都舒展开了，身体的每个细胞都好像张大嘴巴呼吸氧气。小玉感觉全身上下都是那么舒适，有一种生命回归的愉悦。

妈妈的担忧

亲爱的女儿：

听完这个故事，妈妈担心你会像小玉一样，因为穿衣不当给身体带来伤害。

女儿，当你换上妈妈为你买的新连衣裙时，妈妈惊呆了。时光飞逝，不知不觉中你已长成大姑娘了。望着你窈窕的身影，妈妈顿感幸福无边。但是，在分享你健康成长的喜悦时，妈妈也担心起来……

也许你觉得妈妈顾虑太多，担忧太多，连女儿的穿衣问题也瞎操心。其实，女儿的穿衣问题是妈妈最不能忽视的。妈妈不仅担心你穿衣是否得体，还担心你穿衣时是否注意健康。看到大街上许多女孩穿吊带装、露脐装、露背装等，妈妈很是担心，这样是很容易着凉感冒的。还有些女孩为了获得别人羡慕的目光，经常把自己裹得紧紧的，觉得穿紧身衣能显示女性特有的曲线美，甚至为了追求身段美而把腰身勒得细细的。即使紧身衣穿上使身体很难受、很痛苦，即使紧身衣密不透气让汗液难以挥发，她们仍乐意穿。事实上，有些妇科疾病是由穿紧身衣造成的，如果穿着不当，紧身衣会给你惹很多麻烦。

宝贝，不知道你的同学中化妆的人多不多？你还处于求学阶段，不要过早地在自己稚嫩的脸庞上胡乱涂抹。妈妈想要告诉你自然美才是最美的，不合理地使用化妆品对身体有很大伤害。你说最近要参加一个演出，那肯定要化彩妆了，化了彩妆后要及时卸妆，不要让那些化学品残留在皮肤上伤害皮肤。

妈妈的担心可多了，担心你长时间穿高跟鞋，担心你经常染头发……宝贝，不要觉得妈妈太唠叨。妈妈希望你珍惜青春岁月，在追求美的同时，更要注意健康。

爱你的妈妈

妈妈的8个小贴士

贴士1　穿着重在健康

(1) 穿着注重保暖透气。风寒霜冷要注意添衣，注意保暖，勿过分暴露，否则身体受寒后容易出现感冒、关节炎等疾病。经常穿紧身衣，身体被裹得密不透风，外阴部表皮的汗液不能随时散发，易导致外阴部潮湿，滋生病菌，因为汗液里含有尿素、乳酸、脂肪酸等有机物，这些是病菌繁殖的温床。穿紧身衣还会过度压缩肌肤和内脏，使躯体的血液循环及肌肉活动受到限制。

(2) 慎穿高跟鞋。穿高跟鞋可以显示出女性的曲线美，使站、立、走的姿势更加优美，更加精神。但是穿高跟鞋的害处也不少，并非所有的女性都能穿。

中学生的身体处于发育期，足骨、脊柱、骨盆都未发育成熟，穿高跟鞋容易影响身体发育，导致脊柱发育畸形。因此中学生不能穿高跟鞋。高跟鞋也会影响将来生育，因为穿高跟鞋身体必然前倾，这样对骨盆的压力就加重了，骨盆两侧被迫内缩，必然造成骨盆入口狭窄，因而，女孩如果一直穿高跟鞋，婚后生育就有可能出现分娩困难。

对于大学生来讲，虽然身体发育已定型，但长时间穿高跟鞋对身体仍有损害。穿高跟鞋，人体重心前移，全身重量会过多地集中在前脚掌上，趾骨会因负担过重而变粗，这不仅影响了关节的灵活，而且有可能造成趾骨骨折。还有，长时间穿高跟鞋可能患平足症或痉挛性足痛，甚至不能走路，鞋跟越高，前足的压力会越大，症状会越多。

如果因社交或工作需要穿高跟鞋，鞋跟宜控制在2～4厘米之间，鞋子的大小要合适，鞋尖宽松，脚趾可自由活动，脚趾前端应有1厘米左右的空间。穿高跟鞋时间不宜过长，不要超过2～3小时。如果不方便换鞋，必须每隔2～3小时休息半小时，以缓解足部疲劳。

贴士2　穿着美在得体

对学生来说，最美莫过于学生装，干净整洁、大方得体是基本原则。在正式场合，注重着装的人能体现仪表美，增加交际魅力，给人留下良好的印象，使人愿意与其深入交往。同时，注意着装也是成功者的基本素养。基本原则为：

(1) 文明大方，忌穿过露、过透、过短、过紧的服装。身体部位的过分暴露不但有失端庄，而且也失敬于人。不要穿奇装异服，奇装异服只会引起别人的好奇，绝不会引来别人的欣赏，更不会获得别人的尊重。

(2) 搭配得体。着装的各个部分要相互协调，在整体上尽可能做到完美、和谐，展现着装的整体美。

(3) 彰显个性。着装要适应自身的形体、年龄、职业特点，扬长避短，并在此基础上创造和保持自己独有的风格，切勿盲目跟风。

贴士 3　穿着贵在舒适

衣服的质地很重要，一般以棉、麻、丝等天然织物为首选。衣服宜轻不宜重，过重的衣服会给肩膀和胳膊增加负担，影响身体发育。衣服要宽松舒坦，才不至于捆绑四肢，才能促使青春期的女生更好地成长发育。

贴士 4　新衣也藏“险”

新买的衣裤可能因为置库时间久，藏有螨虫之类的病原体，给身体带来疾病。尤其是新买的内衣内裤一定要用盐水或热水浸泡、清洗，在太阳下暴晒后再穿。

贴士 5　清水出芙蓉，天然去雕饰

台湾作家林清玄说过的一段话：“三流的化妆是脸上的化妆，二流的化妆是精神的化妆，一流的化妆是生命的化妆。心灵美比外表美更重要。”一个人的容貌再美也不过朝夕之间，也抵不过岁月的无情。“最是人间留不住，朱颜辞镜花辞树”，所以只有精神上的充实、思想上的独立和非凡的气质，才是永恒不变的，它不会随着岁月的流逝而衰老。自然美才是最美的！女孩最美的化妆是学识和涵养。正所谓“腹有诗书气自华”，一个知识女性，她的那一份娴静，那一份温婉，那一份淡定，伴随她的浅妆淡抹，会给人一种“天然去雕饰”的审美愉悦。

贴士 6　频繁染发，代价沉重

染发剂都含有硝基苯、苯胺等有毒物质，频繁染发容易诱发皮肤癌、膀胱癌、白血病等疾病。学生最好不要染发，或尽量少染发，每年最多不要超过两次。对于过敏体质、慢性病、血液病及头皮有伤口者，染发会加重病情。

贴士 7　浓妆艳抹，美丽隐患

化妆品是化工品，化妆品的颗粒附着在毛孔上，阻碍了皮肤正常分泌油脂的排出。卸妆不完全、清洁不彻底，时间长了，毛孔容易被阻塞，长出痘痘。尤其是夏天，毛孔扩张，更不宜浓妆艳抹，妆容覆盖在脸上，影响皮肤的呼吸和汗腺的分泌，容易诱发中暑。长期渗透会使化妆品的化学物质被人体吸收，引起慢性中毒。劣质的化妆品含汞、激素、间苯二酚等成分，会加重心、肝、肾等排毒器官的负担，导致内分泌功能紊乱、不孕不育，甚至诱发癌症。

使用化妆品要注意保存。化妆品应存放在通风阴凉处，避免阳光直射。湿度高且闷热的浴室不适合存放化妆品，因为湿热的环境容易滋生细菌。过期的化妆品不能用，如果化妆品的颜色、质地与气味发生改变时应停止使用。化妆品使用后如果出现红肿、瘙痒等过敏现象，应立即停用产品，并用清水冲洗干净，如果皮肤不适的症状在停用产品后没有改善，应到医院就诊。

贴士 8　再忙再累，也要卸妆

睡觉前一定要卸妆，再忙再累也不要忘了这项重要程序，否则，会使皮肤粗糙，出现皱纹，甚至导致过敏性皮炎等。卸妆的方法很简单，可以用无碱性成分的香皂洗脸，也可以用清洁霜、卸妆油或洗面奶进行卸妆。用其他香皂也可以卸妆，但不易将油性底色清洗干净，且对皮肤也有损伤，用清洁霜或卸妆油卸妆最省力。

附：检验化妆品的方法

洁面乳：质量好的洁面乳有淡淡的清香，挤在手上应该是水溶，没有油腻感。

化妆水：用力摇，摇完后看泡泡，如果泡泡很少，说明营养少；如果泡泡多而大，说明含有水杨酸，水杨酸洁肤的效果较好，但刺激性大容易过敏；泡泡多而细，而且很快就消失了，说明含有酒精；泡泡细腻丰富，有厚厚的一层，而且经久不消，表明质量很好。质量好的化妆水无酒精味，质量不好的使用时有清凉感，闻起来带有酒精味。

乳液：闻味道，质量好的乳液味道清淡，没有浓重的香味。还可以拿一杯清水，把乳液倒进水里一点点，如果乳液浮在水上，证明内含油石酯；晃一晃，水变成了乳白色，证明内含乳化剂；这两种都是质量不好的乳液。如果倒在水里，乳液下沉到底部，证明不含油石酯，这样的产品质量有保证。

膏霜：属于保湿产品，很多是矿物油制成的。把膏霜涂在纸上，过一会儿把多余的擦掉，如果是保湿效果好的霜膏，纸会起皱；如果是矿物油，纸是透明的。

精华素：购买时一定要注意观察色泽和形态。如果发现有浑浊、沉淀或变色等现象，这样的精华素不能使用。

粉底：取适量放入水中，观察反应，好的产品不粘边、不漂浮、不下沉，粘在杯边的是动物油，飘在水面的是矿物质，沉在杯底的是重金属。

彩妆：找个银饰物，把化妆品或者彩妆摸上去，若银饰物变黑，说明化妆品里有铅和汞。

卸妆乳：挑选时先把油质粉底或防水口红、睫毛膏之类的产品搽在在手背上，然后倒点卸妆乳抹匀，看看是否很容易和彩妆融为一体，并可以用面巾纸擦掉。时间久的卸妆乳会像豆花一样，有块状物出现。

6. 减肥整容，安全为上

妈妈听到的故事

枯萎的生命

小米长相平平，性格开朗。她非常羡慕荧屏上的女明星，常常幻想着自己艳光四射地出现在众人面前，惊倒一大片。家庭优越，备受宠爱的小米今年 19 岁。她常常埋怨妈妈，上中学时要她增加营养，不停地让她吃，变着花样地给她做好吃的，等她好不容易进入梦寐以求的大学时，体重已经超标整整 20 斤。

在美女如云的大学校园里，小米觉得无论身高还是体态都比不上别人。自卑感一直压抑着她，甚至别人看她一眼都觉得是在嘲笑她那走形的身材。她不敢与别人交流，非常内向。小米从来没有参加过舞会，也没有谈过男朋友，更不愿陪同学去买衣服。她每天除了上课，就是窝在宿舍里，日子过得平淡而无聊。但小米幻想着谈一场轰轰烈烈的恋爱，对此充满了期待。小米发现隔壁班的一个男生是她心仪的类型，于是在朋友的陪伴下，鼓起勇气，向他告白，结果那个男生只是冷冷地说了一句“你这身材！”就扬长而去。

从此，小米下定决心要减肥，她挖空心思地搜集减肥方法，看到杂志上有介绍女明星减肥的内容，都会如获至宝地剪下来。听说日本一女明星吃辣椒吃出了魔鬼身材，她不顾以前有多怕辣，也开始尝试每天三餐都吃，而且挑最辣的吃。尽管被辣得胃痛难忍，但想着魔鬼好身材，她还是咬牙坚持。半个月后，小米不仅体重没有减少，反而脸上冒出了大量的痘痘，胃也时不时地痛起来。这个结果让她很烦躁，但她仍没放弃减肥的念头。她想，不行就换个方法。看着各种各样减肥药广告，小米动心了。于是她

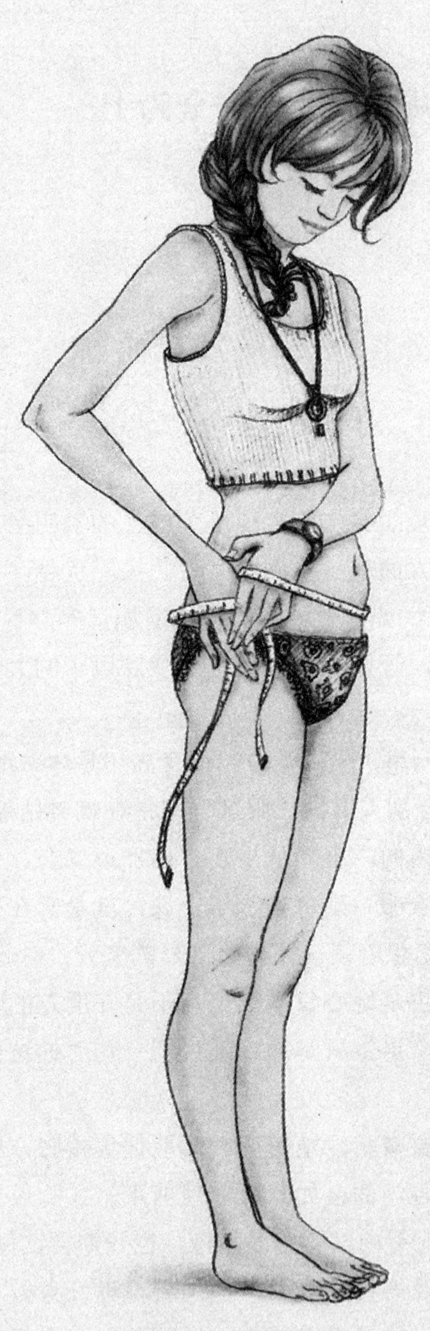

把生活费节省下来，买了一种电视上宣扬的时下最流行的减肥药。可是吃完以后，效果并没有广告上所说的那么好，反而出现了拉肚子、腹胀、心悸、失眠、记忆力减退等症状，她以为是剂量不够，于是擅自加大了剂量，没过多久，她真的瘦下来很多，体重降至40公斤，不过面色枯黄、皮肤松弛。同时也变得没有胃口，什么都吃不下，甚至看到食物就会反射性呕吐。她的抵抗力也变差了，弱不禁风，天气稍稍变化就咳嗽、发热……小米再也无法正常生活了。

有一天她晕倒在校园里，医生经过检查判断她得了厌食症。

妈妈的担忧

亲爱的女儿：

你正值花季，开始关注自己的外表，追求美丽的事物了。妈妈很高兴，这说明妈妈的宝贝长大了。现代著名美学家桑塔耶那说过："美乃是灵魂和自然一致所产生的结果。"作家白烨说："事物的和谐匀称，气度的神清骨秀，长相的清新俊逸，能让人眼前一亮，心里一动的，都是美。"爱美之心，人皆有之，但爱美必须以健康为前提。

故事中的小米就没有把握好其中的度，因为不满意自己的身材，用各种方法疯狂减肥，最后得了厌食症。

女儿啊，妈妈听到这个故事非常害怕。你会不会因为盲目追求苗条而减肥呢？减肥不是儿戏，任何轻率或不科学之举，都有可能对身体造成伤害。第一，过度节食，轻者导致心率不齐、诱发胆结石等，重者可出现与饿死者相同的心脏病变，甚至导致骤然死亡。第二，吃素食减肥的人只吃蔬菜、水果与面粉等，蛋白质及微量元素摄入不足，致使头发因严重营养不良而脱落。第三，减肥过量会使记忆减退，减肥不当造成体重反弹，可引发心脏病。第四，盲目减肥可使初潮迟迟不来，已来初潮者则会发生月经紊乱或闭经，甚至不孕。

宝贝，在妈妈看来，有些女孩并不胖，却为了追赶一种病态的时髦减肥。即使真的需要减肥，也要选择正确的方法。在你们这个年龄，最应该做的不是去减肥，而是怎样预防肥胖，怎样通过合理膳食和运动锻炼，成为一个阳光的女孩。妈妈可不想看到一个“病如西子胜三分”的女儿。

很多女孩片面地追求美，不惜在身上动刀子，最后不仅浪费了金钱，还严重损害了健康。如当下最热门的割双眼皮，虽然有的成功了，但那只是暂时的好看，以后很有可能损害视力，甚至引起角膜炎。宝贝，妈妈担心你对整容的认识不够而做出错误的决定。

宝贝女儿，什么情况下需要减肥？如何科学地减肥？如何看待整容？如何把自己打扮得美丽又健康？妈妈在这里有一些想法和你分享。

爱你的妈妈

妈妈的5个小贴士

贴士1　健康之美最重要

健康是美的第一标准，健康是家庭幸福的源泉。充满生机和健康的人生才有意义，失去健康会失去一切。不要盲目减肥、整容，自然就是美，内在的美是永恒的美。

贴士2　肥胖也是病

很多人认为：能吃就是福，吃得胖仅仅影响美观而已。事实上，肥胖也是一种病。肥胖的根本原因是能量的摄入超过能量的消耗。肥胖是百病之源，对身体有很大的危害，对心血管系统的危害最大。因为肥胖者血管壁容易堆积脂肪，导致血管病变。肥胖患者身体过重，心输出量较大，加重心脏的负担，长期肥胖还容易导致高血压。肥胖患者的体重过重，肺部需要供给身体更多的氧气，从而导致呼吸不畅，甚至危及生命。肥胖还会使身体对胰岛素的敏感性降低，导致糖尿病的发生。肥胖对消化系统也有不良影响，会导致脂肪肝。肥胖对运动系统危害也很大，由于全身的重量都是由下肢来支撑，过重的身体令腰膝关节磨损，导致退化性关节炎。肥胖女性脂肪分布以腹部、下臀部、胸部及四肢为主，过重的身体还会给背腰肌、韧带、筋膜等造成过大的曲张力，从而导致腰背痛，时间久了会形成慢性背部疼痛。女性肥胖还会引起闭经、不孕等疾病。

肥胖症的判断标准有几种方法：超过标准体重20%以上为肥胖；体重指数为18.5～23.9时属正常，（计算方法见附1）大于24为超重，大于28为肥胖；女性腰围大于等于80cm属于腹型肥胖。

贴士3　预防肥胖为根本

肥胖主要是饮食不当引起的，因此，要预防肥胖，必须摒弃不良的饮食习惯：

(1) 进食速度过快。食物未被充分咀嚼，不利于消化吸收。

(2) 零食吃得过多。零食会导致体内热量增加，脂肪堆积。

(3) 晚餐吃得太多、太好。食物在体内消化后，一部分进入血液形成血脂，傍晚时血液中的胰岛素含量升到高峰，胰岛素可使血糖转化成脂肪凝结在血管壁和腹壁上，时间久了会导致肥胖。

(4) 吃糖过多。糖分容易吸收，而且能促进脂肪生成所需酶的活性，刺激胰岛素的分泌，加速脂肪的合成。

(5) 挑食偏食。营养摄取不平衡，会使一些营养素缺乏，而缺乏维生素B会导致肥胖。

预防肥胖还要做到合理搭配饮食，牢记“三低”和“三多”：低糖低盐低热量，多蔬多果多粗粮。早期发现有肥胖的趋势，应及早采取措施，尽可能地使体重维持在正常范围内。

贴士4　科学减肥才健康

(1) 控制热量的摄入，食用低热量、低脂肪的食品。只有当摄入的能量低于生理需要量，达到一定程度负平衡，才能把储存的脂肪消耗掉。一般低热量饮食指每天摄入的热量控制在15～20kal/kg范围内，热量过低会引起身体衰弱、脱发、心律失常等。饮食的合理构成极为重要，需要采用混合的平衡饮食：糖类、蛋白质和脂肪、新鲜蔬菜和水果、适量维生素和微量营养素，避免吃油煎食品、快餐、零食等，少吃甜食，少吃盐，适当增加膳食纤维。

(2) 运动减肥。主要是通过消耗热量，从而减少脂肪。科学而合理地制定运动计划并坚持下去是运动减肥成功的关键，你所制定的计划应符合你的生活习惯，切实可行。只有这样，运动减肥才能达到效果，不然会坚持不下去，导致减肥失败。

(3) 减肥药勿私自乱用。减肥药中最常见的主要是三类药物，一类是食欲抑制剂，一类是加速代谢减少吸收剂，另一类是帮助消耗脂肪与热量的制剂。食欲抑制剂作用于中枢神经系，抑制食欲，对身体副作用大。加速代谢减少吸收剂是通过减少营养吸收来降低身体摄入热量，达到瘦身的目的，长期服用有很大的隐患。帮助消耗脂肪与热量的制剂，使每天摄入的能量相同，而消耗大大增加，达到减肥的目的，但对中枢神经有潜在的危害。

是否采用减肥药，应该看肥胖的原因。如果达到了肥胖症的标准，要及时就医，查明原因，医师会给出是否需要药物减肥的建议。

(4) 避免减肥过快。减肥以每周减 0.5 ～ 1 公斤为宜，过快减肥对健康有害而无利。减肥太快，会损坏肌肉组织，导致皮肤松弛，甚至出现体重迅速反弹，越减越肥。

控制饮食并加强锻炼是最健康的减肥方法，也是最科学的方法。减肥最关键的是要有恒心和毅力，坚持到底才会胜利。

贴士 5　整容有风险，动刀要谨慎

整形美容是指运用手术、药物、医疗器械以及其他医学技术方法对面部和其它各部位进行修复与再塑。倘若身体有明显的瑕疵或畸形，可以通过适当的手术加以矫正，如口腔正畸手术、疤痕整形，烧伤整形等。通过整形，不仅增加形象分，还有利于心理健康。

有些女生没有明显的形体缺陷，只是长相平平，但为了追求形象美，对面部进行整形，比如隆鼻、割双眼皮等。其实，内在的涵养最重要，一个人长相漂亮、打扮入时，但缺少知识内涵的女孩，会给人中看不中用的花瓶感觉。良好的修养才是陪伴一生的朋友，并且时间越久越会绽放出绚丽的光彩。单眼皮可以割，鼻子塌可以撑，颧骨高可以磨，胸太小可以用硅胶隆，腰太粗可以抽脂……很多人从整形医院走出，反而丧失了原来的特点，成了“整容手术流水线”上千篇一律的美女。这样的美是加工出来的工艺品，只有观赏价值而没有实用价值，生活是真实的，没有人喜欢陪着一个身体里有大量人工材料的妻子过日子。人的外表可以整形，但基因是无法改变的，“人造美丽”是不会遗传的。

整容有很大风险，整容不当会导致毁容甚至死亡。另外整容还涉及到材料问题，即使技术过硬的整容医生，对于那些由整容材料所导致的后遗症，也是无计可施的。隆胸、隆鼻等整容手术，所用的人工材料都会遗留后患。

学生一定要慎重对待，不要把就业、择偶等生活的筹码完全压在整容上。如果希望通过整容谋求好前途，则是舍本逐末。整容前考虑清楚到底是容貌本身出了问题，还是心理没有做到最佳的调试。对待整容一定要理性，不能冲动，应多一份冷静，少一份盲目。

附 1：成人标准体重的计算方法：体重（kg）= 身高（cm）−100

体重指数（BMI）：体重（公斤）/ 身高 ^{2}（米）

eg: 一个人的身高为 1.75 米，体重为 68kg，他的体重指数为 $68/1.75^2$=22. 2

附 2：8 种减肥方法不利于健康

(1) 不吃早餐——阻碍营养吸收、影响精神状态，能量吸收过少，还会令身体机能自动调节消耗能量的速度降低，反而达不到减肥的目的。

(2) 抽脂——通过真空吸管，把表皮和真皮间的脂肪细胞吸走，是一种快速减肥法。后遗症也不少，如皮肤松弛、表皮移位、留有疤痕等，无论对肉体还是精神都会带来创伤。

(3) 穿减肥紧身衣——用塑料的“减肥衣”减肥。实质只会增加被包裹的身体部位的流汗程度，而流汗排出的只是水分，并非脂肪。

(4) 扣喉——指进食后再把食物吐出来，长期扣喉会导致腹泻、习惯性呕吐、营养不良，甚至患上厌食症。

(5) 泡桑拿——大量排汗，令体重出现虚幻的下降，减去的只是水分而非脂肪，一旦补充水分后，便又回到原来的磅数。

(6) 只做局部运动——很多人其实只是局部性肥胖，如腹部、手臂、大腿等，于是喜欢“头痛医头，脚痛医脚”，集中火力做局部运动，这种的方法不能从根本上达到减肥的目的。

(7) 服用泻药、利尿剂——会把体内所需的水分排走，一旦水分失去平衡，盐分和养分也会自然流失，影响身体正常运作，甚至还会导致抽筋。

(8) 电疗按摩器——有些美容院采用电疗按摩器，原理是通过电流刺激使肌肉结实富有弹性，而非直接消耗脂肪。对于减肥人士来说，作用并不大。

7. 女孩抽烟，害人害己

妈妈听到的故事

烟“锁”花季

蓓蓓有着高挑的身材，白皙的面庞，属于那种傲慢公主型的姑娘。从大一开始，她身边就不乏追求者，最后她和在学生会工作的英俊潇洒又有才干的涛确定了情侣关系。如果没有抽烟的毛病，蓓蓓活泼开朗、善解人意的个性和她天生丽质的外貌真是相得益彰，人见人爱。

蓓蓓学会抽烟是在高三那年，眼看离高考只有一个月，她的成绩却一落千丈。父母的责骂，老师的不解，同学的奚落，让蓓蓓感到了莫大的委屈和耻辱。一气之下，她来到学校附近的迪吧，学着迪吧那些女孩们疯狂地跳舞，也学着她们“潇洒”地抽烟。蓓蓓感到又刺激又兴奋，白天受的委屈也似乎一扫而空。

高中毕业后，蓓蓓抽烟从地下转为半公开的状态，她已经离不开烟了。而且感觉自己抽烟的姿态越来越优雅曼妙。加上男女同学起哄奉承，蓓蓓心里非常满足。

涛对蓓蓓的抽烟开始并未在意，以为是女孩子一时寻找刺激。可时间长了，涛发现蓓蓓吸烟已经入魔了，就三番五次进行劝说。蓓蓓总是敷衍，嘴上答应戒烟，但实际上并不戒。

暑假，涛把蓓蓓带回老家。涛的父母都是中学教师，算是书香门第。尽管涛千叮万嘱让蓓蓓不要抽烟，但蓓蓓还是忍不住偷偷地抽。一天，蓓蓓躲在阳台上抽烟，被涛的父母当场撞见。涛的妈妈直接下了逐客令，说她不想看到一个口吐烟圈的儿媳，请蓓蓓好自为之。

蓓蓓在吸烟与恋爱之间，选择了吸烟。在她看来，她并不缺乏恋爱的

资本。

被男朋友抛弃后的蓓蓓更加肆无忌惮地抽烟，也只有抽烟能够抚慰她孤寂的心灵。蓓蓓的烟瘾越来越大，人也变得越来越孤僻，她不再喜欢在课堂上认真地和教授探讨问题，因为教授对她身上的烟味皱了眉头；也不再喜欢课后背着书包去图书馆自习，因为图书馆"禁止吸烟"的禁令让屡犯烟瘾的她一次又一次急匆匆地 "落荒而逃"；她的学习成绩每况愈下，白皙的面孔也在烟雾的熏陶下日渐发黄，她再也不是同班女生们羡慕嫉妒的焦点。

在一次朋友聚会上，口吐烟圈的蓓蓓吸引了酷爱抽烟的阿峰的眼球。阿峰是一家外企的高管，在他看来，蓓蓓吞云吐雾的样子，温柔而优雅。就这样，有着共同爱好的两个人开始了一段新的恋情，烟雾似乎隔绝了外面的空间，留给两人的是自我享受的空间。

蓓蓓快要毕业了，她憧憬着能够早日做阿峰的新娘，开始两个人幸福的生活。可是，当她把这个想法告诉阿峰时，阿峰却说："我们分手吧！"这句话对蓓蓓犹如晴天霹雳："我们不是一直很好吗？为什么？这是为什么？"

阿峰说："你抽烟的时候很美丽，很性感，我为之深深地陶醉过……我可以找抽烟的女人做情人，却不会找抽烟的女人做老婆！在世人眼里，男人抽烟是理所当然的事情，而抽烟的女人留给人们的印象就是颓废，不正派，甚至有点无耻。我父母也不能接受这个事实。"

蓓蓓懵了，昨天她还沉浸在生命的"火光"中，点点烟火照亮她的黑暗、照亮她的心田、照亮她的爱情。可现在，烟灭后她再次陷入了生命的暗夜。

蓓蓓慢慢习惯了一个人的世界，凋谢的烟灰犹如失去的爱情，随风而散，什么也没有留下。

妈妈的担忧

亲爱的女儿：

故事中的蓓蓓本是一个阳光灿烂、品学兼优的女孩，就因为一次考得不理想，遭到了父母的训斥，自尊心受到严重打击，才染上了烟瘾，成了问题女生。

前几天我们为吸烟的事情而争吵，到现在你还在生气，妈妈很担心。给你写这封信，是希望你能明白吸烟对你这个年龄的女孩危害极大，一定要远离抽烟。

那天，当我推开门看到你房间弥漫而出的烟雾，我一下子震惊了，心如刀绞般难受，我见过很多女孩抽烟，但是怎么也没想到这样的事会发生在自己女儿身上。我知道，平时对你的要求过于严格，但是你难道真的不能理解妈妈的心情吗？

虽说你是出于好奇才尝试着吸了一下，但是妈妈很怕你有了第一次，然后就会有第二次、第三次，继而对抽烟产生依赖。烟就像毒品一样，很容易上瘾，尤其是对于意志力不强的女孩。烟里面含有大量的尼古丁、焦油等成分，这些成分对身体有损伤，二手烟同样会危害周围的人。它不仅会腐蚀你含苞待放的身体，更会“锁住”你的花季，断送你的前程。

女孩抽烟，是世俗的眼光所无法容忍的。优秀的男孩是不喜欢吸烟的女孩的。很多女孩子，以自我叛逆为初衷，以崇尚个性为目的，赶时髦，标榜个性，把吸烟看做是“现代、潇洒、特立独行”的个性行为。宝贝，妈妈不希望你成为这样的女孩，生命中有太多的美好，不要因为一时的失足而造成终身的悔恨。

时光似箭，昨天你还是一个天真烂漫的小姑娘，今天你的花季已悄然而至。在这个季节，你会遇到很多的疑问，也会面对很多的诱惑，妈妈希望你能时刻记住：我是你最贴心的朋友，是你全天候的生活导师。要知道，世界上最疼爱你的那个人，永远是妈妈。

爱你的妈妈

妈妈的3个忠告

忠告1 抽烟是健康杀手

抽烟严重危害身体健康，对于女生来讲，吸烟的害处尤为明显。

（1）影响容貌。吸烟的人皮肤易衰老，尤其是两眼角、上下唇部及口角处的皱纹会明显增多；吸烟会使皮肤失去光泽和弹性；吸烟还会使牙齿变黄，导致口臭。

（2）引起月经紊乱和痛经。香烟内的有害物质如尼古丁、焦油、一氧化碳等被吸入肺部后，会通过血液流到全身，继而影响内分泌，导致月经紊乱，尼古丁是雌激素的致命杀手。

（3）长期抽烟导致慢性肺病和癌症。吸烟容易导致慢性支气管炎和肺气肿等慢性疾病，烟的有害成分持续刺激身体会使基因突变，导致癌性病变。一个每天抽十五到二十支香烟的人，其患肺癌、口腔癌或喉癌致死的几率，要比不抽烟的人大十四倍；其患食道癌的致死率比不抽烟的人大四倍；死于膀胱癌的几率要大两倍。

忠告2　香烟无助驱孤独

（1）很多人知道抽烟危害健康，但是往往为了获取别人的认同、减少自己的孤独而抽烟。其实内心的孤独并不能靠抽烟来化解，要寻找志同道合的朋友，来温暖心灵。

（2）有些人因为好奇心染上吸烟的习惯。抽烟是一种恶习，有百害而无一利。好奇心不是错误，但是要用在正确的地方。

（3）要丢弃吸烟很酷的心理。这种酷是病态的，真正的酷是气质风度和内在修养共同作用体现出来的。女孩抽烟，在世俗人的眼里，不仅不酷，反而是轻浮堕落的表现。

忠告3　借烟消愁愁更愁

当感情受挫、压力增大时，若借烟消愁，只能带来短暂的愉悦，而不能从根本上解决问题，甚至还会给身体带来更大伤害。遇到挫折时，可以通过旅游、游泳、跑步、聊天等方式来排解。

妈妈的5个妙招

如果沾染了吸烟的习惯，要立即戒烟，戒烟有以下几种方法：

妙招1　转移注意力

吸烟欲望强烈时，要转移注意力，可以深呼吸或沐浴，也可以用糖果、口香糖、鱼皮花生、瓜子等零食替代，还可以借抽电子烟缓释烟瘾。

妙招2　扔掉所有吸烟用具

远离香烟，首先家里不放香烟，身上不带香烟，不带打火机。其次，遇到吸烟的朋友和人群，迅速回避。

妙招3　循序渐进戒烟

有了烟瘾，要有计划地戒烟，切忌一次戒掉。循序渐进地减少抽烟量，不仅能远离香烟，而且能避免因突然戒烟引起的不良反应。

妙招4　向亲友团求助

端正戒烟态度后，要和家人朋友说清楚，让他们监督，帮助戒烟。和监督人约定好，若被发现抽烟，就要接受惩罚。还要和朋友说清楚自己正在戒烟，让朋友不要递烟，这样才能长期戒烟。

妙招5　借助辅助工具戒烟

用戒烟打火机、戒烟烟灰缸、戒烟香水、戒烟电话、戒烟糖等辅助工具戒烟。拨打戒烟热线，去戒烟门诊协助戒烟，写戒烟日记，或利用外界压力，如打赌戒烟、公开戒烟承诺书等方式帮助戒烟。

8. 一夜情，危险游戏

妈妈听到的故事

开在荆棘里的玫瑰花

有一个叫幽若的女孩，人如其名，从小就安静听话。上大学前父母对她千叮万嘱：一定要洁身自好，不能随便与人交往，更不能在大学里谈恋爱。

可是随着环境的变化，幽若渐渐忘记了父母的嘱咐。不知从什么时候起，林荫大道、曲径幽园，这些学子们独坐研习、漫步思考的环境，变成了情侣们搭肩拥吻的天下。同宿舍的其他三个女孩家庭都比较富裕，看着她们穿着漂亮的衣服，用着高档的电子产品，和男朋友享受着甜蜜的生活，一向自卑的幽若心里充满了羡慕，而这羡慕又悄然转变成了嫉妒。

如果没有大三的那个国庆节，或许她的一生都会如她的名字一样，安静、纯洁。然而一切再也回不到从前了……

大三伊始的那个国庆假期，幽若想避开拥挤的人群，选择留在学校。而其他同学有的回家，有的外出旅游，全班只有她一个人留在学校里。那天吃完中饭后，闲来无事，她来到了学校的小花园。花园里很美，是大家公认的谈恋爱的场所。平时，幽若是不敢来的，那天，可能是大多数同学都不在学校，也可能是时间尚早，小花园里静悄悄的，只有零星的几个人。看了一会书，幽若便趴在桌上睡着了……朦胧中她感到有人在轻拍桌面，她抬起头，居然是师兄。师兄微笑着跟她打招呼，并且叫出了她的名字。这让幽若非常兴奋，她一直觉得自己像只丑小鸭，没有想到师兄竟然记得她的名字，于是她大方地和师兄聊了起来。当他们聊到与室友的相处时，幽若想起自己所受的委屈，流下了伤心的眼泪。

打开心扉地聊天，时间是那么的易逝，很快就到了晚上，自然地，他

们一起吃饭。晚饭后，师兄带着幽若去看电影。幽若特别欣喜，三年来，她从来没有在这么高档的电影院里看过电影。

随后的几天，幽若总会有意无意地碰到师兄，而且每次师兄都会给她不一样的惊喜。那天，在安静的校园里，师兄像变魔术似的拿出一件漂亮的裙子，让幽若眼前一亮——这是一款她期待已久的裙子。幽若迫不及待地换上了，当她再次出现在师兄面前时，他眼前一亮。随后两个人来到一间高档的西餐厅，在悠扬的琴声中从不沾酒的幽若，挨不过师兄的苦劝，一杯一杯地下肚，到结束的时候幽若已经醉意朦胧，有些站不稳了。而后师兄并没有送她回寝室，而是把她带到学校南门的宾馆开了房间，借着醉意，两人都没有控制住自己，发生了一夜情。

然而事情并没有结束，一个月后，幽若发现自己怀孕了。她陷入极度恐惧之中，而此时师兄也联系不到了。羸弱的幽若疯狂地寻找，最后在一个老乡那里得知师兄已经有了女朋友，而且准备出国结婚。悲痛万分的幽若在小诊所做了人流，由于处理不及时，伤口被感染，幽若可能再也不能怀孕了。幽若这才明白，原来师兄接触她只是为了排解未婚妻不在身边的寂寞，自己却由于虚荣心的驱使，陷入了万劫不复的境地。但为时已晚，她已经失去了女生最宝贵的东西，就像一朵开在荆棘里的玫瑰花，身心被扎得伤痕累累……

妈妈的担忧

亲爱的女儿：

今天，妈妈想和你悄悄地讨论一下所谓的“一夜情”。

宝贝，妈妈很担忧你。妈妈怕你误入一夜情，就像开在荆棘里的玫瑰花，不仅带刺，还长在危险的环境里，最终受伤害的只有你自己。

不了解的两个人，彼此托付身体、满足欲望，背后潜在的危险，你是否注意到？在没有仔细询问对方病史的情况下，性行为是极其危险的。有些人正是因为不当的性关系染上了梅毒、艾滋病、淋病等性传播疾病，而且这些疾病还有可能传染给下一代。

很多一夜情是在酒后或无准备的情况下发生的，当时可能不会采取措施，可能导致怀孕。一夜情导致怀孕，可能连孩子的父亲是谁都不知道。这种事，媒体上披露的已经很多了。如果不小心怀孕了怎么办？堕胎对身体和心理的危害是很大的，多次堕胎会造成习惯性流产、不孕不育，一夜情换来的是无尽的痛苦。

一夜情并不像女孩们想象的那么简单。有时候，它会牵扯出莫名其妙的瓜葛，比如对方或对方家人的纠缠、谩骂、侮辱，甚至是社会的谴责，那是一件让人很烦心的事情，处理不当或许还会诱发更大的祸患。

幸福与陶醉的一晚，是那么的短暂。但是，你会不会想到，在第二天早上起来的时候，你的“白马王子”连同你的钱包、贵重物品一起消失了？这样的遭遇将伤害你的身心，甚至影响你将来的生活。

其实，爱情不是赌徒的行为，更不是慷慨悲壮地赴难，在你醉心于“一夜盛开如玫瑰”的同时，你会看见自己的青春之花迅速枯萎，一夜情对女孩来讲是玩不起的危险游戏。

宝贝，无论你遇到什么问题，不要意气用事，不要把莽撞行事当作率性而为。只要你转身，妈妈就会在你身后。

爱你的妈妈

妈妈的3个忠告

忠告1　性与爱，勿迷茫

一夜情过分凸显了性欲冲动，亵渎了婚姻的神圣性。当两人在对方心目中都仅仅是性行为的对象时，必然会造成相互间失去尊敬。男性以玩弄为目的，在一夜情后就会把女生抛弃，会使女生心理留下阴影，有的女生甚至破罐子破摔，走向堕落。女生要记住：婚姻是性爱的前提。

一夜情导致传统道德的破坏，对女生的未来生活有严重的危害。性生活应该是夫妻之间特有的，主要目的是生儿育女，而一夜情破坏了婚姻制度，是背离真正的爱情的性行为。一夜情促成乱交，形成临时的男女关系，把人与人的关系降到动物的水平。一夜情可能导致意外怀孕，严重影响女生的身心健康。

忠告2 充实自己，远离“雷区”

（1）积极进取。将主要精力投入学习，提高文化素质，充实自己，不要把精力分散到其他方面。

（2）培养多方面的兴趣，多参加体育活动，如健美操、瑜伽等。也可以参加户外活动，使生活健康、充实、积极、向上，不要被对异性的冲动所左右，远离一夜情的“雷区”。

（3）自觉抵制性挑逗、低级庸俗和不健康的读物，不进黄色网站。

（4）不去夜店之类的娱乐场所，以免受到诱惑。

（5）不要结交游手好闲的朋友，与异性的交往应在集体活动中，尽量避免时间过长、过晚或单独约会。

忠告3 一夜情，绝对不能经历

一夜情对身心有很大的伤害，绝对不能经历。一夜情可能沾染梅毒、艾滋病等传染疾病，可能导致意外怀孕，会使父母和未来的丈夫难以接受，引发家庭悲剧，甚至遭到社会的谴责。一夜情，赌青春，伤不起；赌感情，输不起；赌未来，毁不起。

9.吸毒，玩火自焚

妈妈听到的故事

滴血的罂粟花

“要是没有朋友的怂恿，我可能就不会吃摇头丸。妈妈，我对不起你，你什么时候来接我回家？”戒毒所里，17岁的晓晓回想起第一次吃摇头丸的情形，嚎啕大哭。

晓晓是家里的独生女，父母在农贸市场做批发生意，每天起早贪黑，晓晓平时都由爷爷奶奶照顾。家庭条件虽然一般，但父母和爷爷奶奶都非常宠爱她。由于对晓晓照顾得比较少，父母觉得亏欠女儿太多，所以总是无条件地满足她。

家人的溺爱，使得晓晓的个性越来越任性乖张。渐渐地，她不再满足和班上的同学交往，开始和社会上的一些小混混做朋友。小混混们不用上学，每天吃喝玩乐，逍遥自在，晓晓也慢慢对上学失去了兴趣，14岁就辍学了。

离开了校园，她整天和一帮小混混一起，尽情地放纵。蹦迪是晓晓最喜欢的娱乐方式，特别是心情不好的时候，疯狂地蹦迪，可以忘掉一切烦恼。晓晓长得清纯靓丽，加上小时候练舞蹈的底子，很快成为迪厅里的“蹦迪女王”，被许多男孩追捧，她很陶醉这种“众星捧月”的感觉，常常和朋友们玩得彻夜不归，醉得不省人事。

晓晓第一次吃下摇头丸是在迪厅里。一天晚上，晓晓跟朋友去迪厅蹦迪，照例是疯狂地跳到半夜，喝得晕乎乎的时候，一个外号“红毛”的男孩拿出几粒摇头丸，在他的怂恿下，大家开始分着吃。晓晓根本不知道什么是摇头丸，见朋友们都吃了，也跟着吃了小半颗。吃下摇头丸最大的感觉是亢奋，听到音乐不由自主地就想摇头、摇晃身体，那种兴奋程度是以往所没有的。伴着药物的作用，在众人的喝彩声中，晓晓疯狂地跳到天亮才回家。

然而，短暂的亢奋带来的是第二天身体的不适，晓晓感觉脖子特别疼，反胃、恶心，特别难受。一开始她还以为感冒了，根本没有意识到这是吃摇头丸带来的后果。所以，当朋友第二次给她摇头丸的时候，她毫不犹豫地吃了下去。

有一天，晓晓在迪厅参加朋友的聚会，吃摇头丸时，正好碰到警察检查，就这样，她被拘留了，随即被送到戒毒所进行六个月的强制戒毒。闻讯赶来的父母看见晓晓的样子：头发染成了红褐色，精神萎靡，面黄肌瘦，他们简直不敢相信这一切，失声痛哭。但后来，他们还是接受了事实，经常去戒毒所探望晓晓，鼓励她。

在六个月的强制戒毒期满后，晓晓回到家，乖乖地在家里休息。经过一段时间的调整，她的脸色又红润起来了，她的父母非常高兴，以为她终于摆脱了毒品的影响，就放松了监管。

晓晓休养了一年之后，就出去找工作。然而，在找工作时，她一次次受挫。有的公司嫌她学历太低，有的嫌她没有工作经验，好不容易有一家餐馆收她做服务员，可刚做了两天，老板听说她曾经进过戒毒所，便直接辞退了她。晓晓的情绪非常低落，觉得人生没有希望，但又不敢对父母说，就在这时，她又遇到了以前的那一群朋友，晓晓很快又和他们在迪厅狂欢起来。不同的是，这次朋友们给了她一个新玩意——“溜冰”（海洛因）。晓晓在短暂的犹豫之后，接受了。她觉得别人都瞧不起她，只有这群朋友愿意陪她玩，让她开心，所以她愿意和他们在一起。

接下来的日子里，晓晓每天打着找工作的幌子，很晚才回家。一次吸食毒品后，“红毛”对晓晓说：“你不能总从我这拿玩意呀，从家里搞点钱，我们一起去买，大家一起开心多好！”于是，晓晓开始找借口向父母、爷爷奶奶要钱，慢慢地，开始偷自己家和邻居家的贵重物品，甚至偷钱。

后来，晓晓在一次盗窃中，被邻居当场抓住，送到了公安局。悲痛欲绝的父母跪在邻居和警察面前，请求他们给晓晓一个机会。最后，因晓晓年龄不满十八岁，经过一番教育后，警察勒令家长将她带回家教育。

晓晓的父母将她锁在卧室，断绝了一切可能与外界联系的渠道，对她实行二十四小时监控。晓晓的毒瘾很大，毒瘾发作时她满地打滚，涕泪横流，有时甚至会用头撞墙，面对这种情况，家人心如刀绞。关到第三天，晓晓像疯子一样，失去了理智，拼命用头撞墙、撞门，把房间的物品都抛撒在地，跪在地上哀求妈妈放她出去。善良的妈妈不忍心看晓晓受折磨，又怕惊扰了邻居，开门想安慰她，谁知门刚打开，晓晓就一把将妈妈推倒在地，冲了出去。妈妈摔倒时，头撞在墙角，血流不止，可失去理智的晓晓连看都没看一眼。

不久，公安局通知晓晓的父母，晓晓又一次被送进了戒毒所……

妈妈的担忧

亲爱的女儿：

今天妈妈想跟你讲一下吸毒的危害，因为妈妈害怕你在不知情的状况下沾上毒品，从而毁掉一生。故事中的晓晓，因为在迪厅受朋友的诱惑，吃摇头丸，后来不仅偷家里的钱，还偷邻居的钱，被警察送到强制戒毒所，一个好好的女孩就这样被毁掉了。

宝贝啊，生活中有许多新奇的事情，但不是所有新奇的事情都需要亲身尝试。很多青少年对毒品毫不了解，不知道毒品会有多大危害，对其梦幻般飘飘欲仙的感觉充满了好奇，甚至以为吸食毒品很“酷”很“潮”。其实这纯粹是一种虚幻的东西，有些孩子没有认识到，误入歧途，毁掉了一生。

宝贝，妈妈不担心你生活空虚去寻求刺激。妈妈知道你喜欢打羽毛球、喜欢阅读，妈妈相信宝贝女儿生活得很充实。妈妈担心的是你误交朋友，妈妈怕你受到损友的诱惑沾染上不好的习惯，有些人吸毒是因为结交了吸毒的朋友，而不知不觉地沾染了毒瘾。“近朱者赤，近墨者黑”，一个人很容易受到坏的影响。妈妈还担心你被所谓的“朋友”拉到酒吧里，不小心误食了含有毒品成分的食物。

吸毒可以摧残一个人的身心，毒品给身体带来机体的功能失调和组织病理变化。一个人吸了毒会变得嗜睡、感觉迟钝，产生运动失调、幻觉、妄想、定向障碍等，严重者甚至产生精神障碍和思维障碍。另外，吸毒者还可能会产生感染性合并症、化脓性感染、乙型肝炎甚至是艾滋病等疾病。家庭中一旦出现了吸毒者，家便不成其为家了，吸毒者在自我毁灭的同时，也会使家庭陷入家破人亡的灾难境地。

所以宝贝，毒品是千万不能沾染的。

爱你的妈妈

妈妈的6个忠告

忠告1　吸毒致命，远离毒品

毒品主要指被人们当做嗜好品所滥用的功能性药物，多为精神药品或麻醉药品，包括鸦片、海洛因、冰毒、吗啡、可卡因、摇头丸等。人们食用毒品通常是为了产生身体或心理上的愉悦，而非用来进行生理或心理治疗。毒品会让人产生虚幻的快感，对人体有致命的危害。

（1）毒品危害人体机理。以海洛因为例，海洛因属于阿片类药物，在正常人的脑内和体内一些器官里，存在着内源性阿片肽和阿片受体，正常情况下，内源性阿片肽作用于阿片受体，调节情绪。人在吸食海洛因后，抑制内源性阿片肽的生成，逐渐形成在海洛因作用下的平衡状态，一旦停用，就会出现不安、焦虑、忽冷忽热、流泪、腹泻等症状。冰毒和摇头丸在药理作用上属中枢兴奋药，毁坏人的神经中枢。

（2）吸毒导致身体依赖。这种依赖是由于毒品作用于人体，使人体体能产生适应性改变，形成在药物作用下的新平衡状态，一旦停药，生理功能就会发生紊乱，出现一系列严重反应，称为戒断反应，使人感到非常痛苦。为了避免戒断反应，就必须定时用药，并且不断加大剂量，使吸毒者离不开毒品。

（3）吸毒可导致严重的精神依赖。毒品进入人体后作用于神经系统，使吸毒者出现一种渴求用药的强烈欲望，驱使吸毒者不顾一切地寻求和使用毒品。一旦出现精神依赖，即使经过脱毒治疗，在急性期戒断反应基本控制后，要完全康复生理机能往往需要数月甚至数年的时间，更严重的是，对毒品的心理依赖难以根除。

（4）吸毒会导致感染性疾病。静脉注射毒品会导致传染性疾病，如乙肝、化脓性感染、艾滋病等。

（5）吸毒不仅毁灭自我，而且危害家庭，吸毒的结局往往是倾家荡产、家破人亡。

（6）吸毒导致各种违法犯罪活动，扰乱社会治安，恶化环境。

远离毒品，做到"四个牢记"：一要牢记什么是毒品；二要牢记吸毒极易成瘾，极难戒断；三要牢记毒品害己、害人、害家、害国；四要牢记吸毒是违法，贩毒是犯罪。

忠告 2　慎重交往，不交"毒友"

绝对不结交有吸毒、贩毒行为的人。如发现亲朋好友中有吸、贩毒行为的人，一要劝阻，二要远离。有吸毒习惯的人会让你不知不觉沾染上毒品，这种朋友一定不能交，不能接触。

忠告 3　洁身自好，不入"毒地"

学生坚决不能进入夜店，如酒吧、迪厅等，这些地方往往是贩毒分子的交易场所，也是吸毒人群聚集的地方，如果光顾，容易沾染毒品。

忠告 4　提高警惕，以防"毒食"

有些毒贩子会在食品里加入毒品的成分以达到诱惑别人吸毒的目的。因此女孩在外面不能吃陌生人给的东西，在陌生的地方，不要吃来路不明的食品。

忠告 5　不借助毒品找寄托

（1）不听信毒品能化解烦恼和痛苦、带来快乐等花言巧语。

（2）有困难要及时倾诉，寻求帮助。遇到困难和挫折，不要闷在心里、独自扛着，去找你的父母、老师或正直的亲朋好友，向他们倾诉，寻求他们的帮助。

（3）设定目标，充实自己，在成长中体味人生的乐趣。精神空虚、没有寄托、寻求刺激是一部分人走上吸毒道路的原因，做一些有意义的事情，如支教、帮助孤寡老人等，能转移你对毒品的依赖。

忠告6　染上毒瘾，立即戒毒

（1）一旦吸上毒品，要立即去戒毒所，刻不容缓。

（2）即使在不知情的情况下，被引诱、欺骗吸毒一次，也要珍惜生命，不再吸第二次、第三次，不要有任何侥幸心理，应用坚定的意志防止再次吸毒。

第二章　心理安全
给阳光的你

在这个瞬息万变、充满压力的时代，女孩们会随时产生各种心理压力。为了宣泄压力，很多女孩要急不可耐地透支感情，要莽莽撞撞地赌一把青春，要不管不顾地背弃父母的忠告……她们似乎永远在忙碌着，来不及修炼那些真正属于女孩终生受用的元素，比如自尊自爱，比如温柔善良，比如娴静淡定……

在下面的篇章中，妈妈会告诉她们心爱的女儿，女孩应该拥有什么样的健康心理，怎样克服女孩们的小心眼上容易滋生的小毛病，怎样历练才能成长为一个阳光向上的可爱的女孩。

1. 自信，开启亮丽人生

妈妈听到的故事

神奇的潜力

皮格马利翁是希腊神话中塞浦路斯的国王，同时也是一位有名的雕塑家。他倾注了全部心血，用象牙精心雕刻了一位美少女。他真心地爱这尊雕像，每天都给它穿上金、紫相间的长袍。他拥抱它、亲吻它，祈祷能有一位和它一样举止优雅、美丽动人的妻子。一天，他来到雕像旁，凝视着雕像，突然雕像的脸颊呈现出微弱的血色，它的眼睛释放出光芒，它的唇轻轻开启，现出甜蜜的微笑。他雕刻的少女雕像，竟然有了生命。

人们从皮格马利翁的故事中总结出了“皮格马利翁效应”——期望和赞美能产生奇迹。受这个神话故事的启发，哈佛大学教授、著名心理学家罗森塔尔和他的助手们在加州一所公立学校做了一个著名的实验。

1960 年，罗森塔尔教授和助手来到一所小学，声称要进行一个“未来发展趋势测验”，并煞有介事地以赞赏的口吻，将一份“最有发展前途的学生”和“最优秀的教师”的名单交给了校长，叮嘱他务必要保密，以免影响实验的准确性。

新学期伊始，校长依照名单，叫来两位教师，说：“根据你们过去三四年来的教学表现，你们是本校最优秀的教师。作为奖励，今年学校特地为你们班挑选了 30 个最聪明的学生。记住，这些学生的智商比同龄的孩子都要高。”校长再三叮嘱：要像平常一样教他们，不要让孩子或家长知道他们是被特意挑选出来的。

这两位教师非常高兴。此后，就更加努力地教学了。他们使出浑身解数，将好的方法和新的观念渗透到教学中。并有意无意地给他们以积极的暗示和激励。30个孩子感受到了不同以往的关爱，他们个个劲头十足，信心满满。

8个月后，罗森塔尔教授一行再次来到这所小学，对这30名学生进行复试，结果，奇迹出现了：这些孩子的学习都有很大的进步，很多学生成绩优秀，各个方面都表现得非常优秀。而且他们明显比其他孩子更开朗，更自信，更乐于与人交往。

后来罗森塔尔教授告诉了校长和那两位教师真相：这30名学生的智商并不比别的学生高。两位教师也不是本校最好的教师，而是在全校教师中随机抽取的。

“罗森塔尔实验”所验证的“皮革马利翁效应”，被广泛应用。这一实验给我们很多启示：在做任何事情之前，如果能充分肯定自我，就等于成功了一半。当面对挑战时，不妨告诉自己：我就是最优秀的，那结果肯定出人意料。

妈妈的担忧

亲爱的女儿：

“罗森塔尔实验”是妈妈上大学的时候听到的，现在讲给你听，希望你能从中有所领悟。因为你目前的状况，确实让妈妈担心。

妈妈担心你因为外貌不出色而自卑。过分在意自己的长相身材这些外在的因素，忽略内在素质的培养，实在是舍本逐末。真正的美是由内而外的。你的长相算不上漂亮，但也端庄清秀，完全用不着自卑。现在青春期的孩子都特别关注外貌，妈妈担心你会因此而不自信。尤其是今年，你开始跟脸上的“痘痘”战斗，总说“本来就不美，现在变得更丑了”。甚至很多时候出门带着口罩，怕别人看见，其实这样捂着脸很不透气，还会滋生细菌。还有你现在开始有些含胸驼背了，我问你是不是肠胃不舒服，你说是因为身体发育，别人的眼光让你很不好意思。你说丑小鸭发育了就是只肥鸭子，更丑。妈妈告诉你，从小女孩到大姑娘，这是一个必然的发展过程，女孩就是女孩，用不着羞羞答答遮遮掩掩。

妈妈担心你因为家庭经济条件不好而放弃兴趣爱好，不再去发展自己的特长，放弃展示才华的机会。很感谢你对妈妈的理解，你知道妈妈供你读书很辛苦，每年你都自己去办理助学贷款，从未抱怨过。除了有关在学校勤工俭学的事，你几乎不和我聊学校生活，好像除了学习，没有参加任何其它的活动。妈妈记得，你很爱唱歌，声音那么美妙，为什么不去展示一下呢？

妈妈还担心你因学习成绩不优秀而不自信。我知道你已经很努力，也知道你其实很辛苦，因为勤工俭学、做兼职花费了不少时间和精力。妈妈不会责备你，也从没觉得你是个笨孩子。在妈妈的眼里，你乖巧懂事，妈妈相信你会找到适合自己的学习方法，你的成绩一定会赶上来的。

以上是妈妈所担心的，希望我的宝贝能尽快找到自信，做个聪明的女孩。

爱你的妈妈

妈妈的 7 个妙招

妙招 1　积极暗示，放大优点

自信是成功的基石。女生的学习成绩不好、容貌不佳、家庭经济困难都会导致不自信，而不自信的女生往往紧盯着自己的缺点，而没有发现自己的优点，从而导致自己不相信自己，甚至全盘否定自己。要想改变这种现状，可以尝试下面的办法：

(1) 给自己以积极的心理暗示。如家庭境遇不佳，你可以在心里对自己说，一切都是暂时的，我一定要通过努力，改变自己、改变家庭。如学习成绩一时受挫，你就可以这样提示自己，我的某一科是优秀的，我一定要通过努力，使其它科目都和这一科一样优秀。如你觉得容貌欠佳，你可以这样想：在爸妈眼里，我是最漂亮的女儿，因为我身上确实有别人不曾有的优点。

(2) 开拓自己的潜能。不管什么样的女孩，都会有别人难以发现的潜能，比如工艺刺绣、唱歌、舞蹈、朗诵、设计玩具、设计服装、弹琴等等。如果你把其中某一方面你所擅长并喜爱的做好，你就会产生强大的自信。

(3) 放大自己的优点。当你找到自己的优点后，如坚韧的毅力，勤劳的品质，不服输的精神，善解人意的心灵等等，你就要用这些优点做好自己，使自己成为个性鲜明的女孩，记住，这些优点不是你的炫资，而是帮你实现成功的助推器。

妙招 2　扬长避短，坚定自信

每个人都有自己的长处和短处。你在某个方面不如别人，在其他方面肯定有过人之处。男生的胆识往往超过女生，但女生的气质优雅、感情细腻、温柔善良、善于沟通等性别优势是男生无法超越的。一个人要想获得自信，一定要善于发扬自己的长处，来弥补自身的不足。因此，女生在青春年少时，应有意识地发挥这些优势，扬长避短，脚踏实地朝着人生的最高目标迈进。

(1) 发扬沟通优势。女生的语言天赋较男生强，而且感情细腻、有较强的亲和力，常常给人以较好的第一印象，在人际沟通方面有明显的优势。那么，抓住机会展现你的优势，如协助老师组织班级活动，多参加公益活动，在这些活动中，你能体会到自身的价值，获得自信。

(2) 以柔克刚，做智慧女性。女生天性温柔善良，生活中遇到的矛盾和困难，如果像男生一样针锋相对，只会使矛盾激化，如果用女生的温柔和善良去化解，很多问题都会迎刃而解。因此，一旦在与同学的相处中出现问题时，一定要懂得以柔克刚，用你的智慧巧妙应对，营造和谐的氛围，为你的发展扫除障碍。

(3) 发挥特长。女生除了拥有性别优势外，还应该注重发挥自己的特长。因为现代社会需要的是全面发展的人才，不是仅靠成绩论英雄，成绩不能决定一个人的命运。一个人仅凭成绩好，是不会获得成功的。女生要力争在学习之外拥有一项专长，比如弹钢琴、跳舞等，努力提升自己的综合素质，才能在竞争中立于不败之地。

妙招 3　寻求最佳学习方法

对学生来说，学习最重要。成绩好的学生会得到老师的赞许、同学的羡慕，从而获得自信。而在当今的男权社会中，女生要想拥有自信，必须要有优秀的成绩。要想成绩优秀，就必须找到最佳的学习方法，达到事半功倍的效果。

(1) 做好预习。课前做好预习，初步了解下节课老师要讲的基本内容，做到心中有数。在预习时如果发现与新课相联系的旧知识掌握得不好，则要补习，以免不懂的地方越积越多。

(2) 认真听讲。课堂教学是教学过程中最重要的环节，上课时要集中精力听讲，积极排除分散注意力的各种因素，听课时要紧紧抓住老师的思路，不懂的问题要先记下来，暂时跳过，课后再向老师或同学请教；努力当课堂的主人，积极与老师配合，认真思考老师提出的每一个问题，积极参加课堂讨论，踊跃发言。发挥主观能动性，变“要我学习”为“我要学习”。

(3) 及时复习。复习的主要任务是巩固所学知识，查漏补缺。对于记忆型的知识，复习时要抓住艾滨浩斯遗忘规律：遗忘速度最快的区段是 20 分钟、1 小时、24 小时，分别遗忘 42%、56%、66%；2 ～ 31 天遗忘率稳定在 72% ～ 79% 之间；遗忘的速度是先快后慢。复习的最佳时间是记材料后的 1 ～ 24 小时，最晚不超过 2 天，在这个区段内稍加复习即可恢复记忆。过了这个区段因已遗忘了材料的 72% 以上，所以复习起来就“事倍功半”。在复习功课时，有时感觉碰到的好像是新知识似的，这就是因为复习的间隔太长了的缘故。要有意识的运用这一规律，及时巩固所学知识。

睡觉前和醒来后是两个绝佳的记忆黄金时段。睡前的这段时间可主要用来复习白天学过的内容，对于 24 小时以内接触过的信息，这时稍加复习便可恢复记忆，而且还能不受后摄抑制的影响，使记忆材料易储存，由短时记忆转入长期记忆。根据研究，睡眠过程中记忆并未停止，大脑会对刚接受的信息进行归纳、整理、编码、储存。所以睡前的这段时间非常宝贵。早晨起床后，由于不受前摄抑制的影响，记忆新内容或再复习一遍昨晚复习过的内容，则整个上午都会记忆犹新。所以说睡前醒后这段时间千万不要浪费，如能充分利用，可收事半功倍之效。记忆是大脑皮层形成暂时神经联系的过程，建立起来的神经通路如果不畅通，则原来大脑中保留的痕迹就会逐渐消失。而复习就是对大脑中的痕迹进行再刺激，及时复习就是在第一次痕迹未完全消失时，紧接着进行第二次、第三次重复刺激。重复刺激次数越多，痕迹越深；重复越及时，费时越少，费力越小，记忆效果越好。

“温故而知新”。通过不断温习旧的知识，可以获得新的领悟。复习可以使知识融汇贯通，当天的功课当天复习，把没有掌握的内容记下来，重点攻克。在课程进行完一个单元以后，把全单元的知识要点进行一次全面复习，重点领会各知识要点之间的联系，使知识系统化。

(4) 独立思考。对女生来说，养成独立思考的习惯尤为重要。只有独立思考，才能培养独立意识，才能有主见，不人云亦云，成为智慧女性。不迷信书本、权威，敢于根据事实和自己的思考，向书本和权威质疑；不盲目效仿别人，不唯书唯上，坚持说自己的话，走自己的路；追求新颖、独特，不僵化、不呆板，学会灵活地应用已有知识解决问题。

(5) 注重效果。考试是检验学习效果的重要方式，要认真对待。考试时要细心，尽量避免非智力因素导致的错误；考试后，要认真总结经验和教训，做到“胜不骄，败不馁”。

(6) 加强实践。很多女生的动手能力比男生差，所以，要格外注重加强实践。实践也是学习，而且是更重要的学习，实践是认识的来源、动力和目的，通过实践，还能发现自己的长处及不足，以便今后更好地进行有针对性的学习。实践是人的认识的真理性得到检验、人的能力得到培养和提高的必然途径。“纸上得来终觉浅，绝知此事要躬行”，学生要积极参加社会实践活动，丰富社会阅历，积累经验，做到学以致用，极力把课堂所学知识转化为能力。

(7) 广泛涉猎。要想做个秀外慧中的女孩，全面提高自己的综合素质，仅靠课堂学习的知识是远远不够的。因此，必须进行课外阅读。课外阅读可以开阔视野，增长知识，培养独立思考的能力。

妙招 4　丰富内涵，提升气质

不少女生会因为长相不美而不自信。其实美貌是外在的东西，除了吸引异性、使人赏心悦目外，对学习、工作都没有太大作用，并不能决定你的幸福和快乐。观察你周围的人，有多少女孩是仅靠漂亮的脸蛋而成功的？

要想得到别人的持久赞许，必须做一个秀外慧中的女孩，相比而言，“慧中”更重要。长相是天生的，不必过分在意，如果你没有让人羡慕的美貌，可以通过后天的努力让自己在其它方面表现突出，以弥补外貌的不足。女生提升内在美的最好方式是努力学习，和善待人，做到温柔贤惠，这样才能让人由衷地钦佩。

妙招 5　正视现实，放眼未来

有的女生因为家庭经济条件较差，一味地埋怨父母，怨天尤人，极不自信。针对这种情况，娇弱的女生请记住：人是没办法选择出生的，埋怨除了平添烦恼外，不能解决任何问题。家庭经济条件差不是因你导致的，你没有自卑的理由。

如果窘迫的家庭条件给你的学业造成了障碍，则要想办法解决，比如申请奖学金、勤工俭学等。同时，要努力学习，争取将来找一份好工作，从而改变家庭的经济状况。

妙招 6　树立榜样，不断超越

女孩的心思比较细腻，总喜欢与人在暗中较劲。在人生的某个阶段，女生一定会有想要超越的人，在超越中，极易获得自信。“三人行必有我师”，一个人不可能十全十美，总有地方不如别人，所以，要善于用欣赏的眼光去看待周围的人，学会树立榜样，向优秀的人看齐。榜样的力量是无穷的，它能引导人向上。

榜样可以是公众性的，也可以是身边的。从榜样身上，不仅要看到他们的成绩，更要看到成绩背后所付出的艰辛。当你停滞不前、心灰意冷的时候，要激励自己向榜样学习。比如：你学习已经很刻苦了，但无论如何都超不过学习委员，那么，你可以把学习委员当做你的榜样，努力地分析原因，向她看齐。当你的成绩超过学习委员后，你一定会信心百倍，这时，你可以寻找下一个榜样，继续超越。如果你很羡慕班长的组织协调能力，那么，也可以把他当作你的榜样，向他取经。人的意志就是在这种超越与被超越中得以历练的。

妙招 7　制订目标，循序渐进

女孩要对整个人生有一个完整的设计，锁定一个奋斗目标，这样你就不会与人计一时之短长，而是朝着自己的目标勇往直前。因此，目标很重要，没有了目标，生活就会失去方向。但目标的制定要根据实际情况，否则，无论怎么努力也达不到，还会产生自卑情绪，适得其反。在追求目标的过程中，你要善于设计一个个阶段性的目标，那么每实现一个目标，你的自信心就会增强许多倍，成功就会向你招手。

(1) 制订近期目标和长远目标。近期目标是眼前要达到的目标，要随着目标的达到而不断发生变化。远期目标是长远的目标，不可能在近期达到，需要持续努力，要通过不断攻克近期目标而逐渐达到的。比如：你在一个学期的考试中一直处在前 10 名以外，那么近期目标可以是期末考试争取进前 10 名；而远期目标是考入一本院校。如果只有远期目标，当期望值达不到时，就会心灰意冷，信心全无。

(2) 循序渐进。目标一旦确定了，要勇往直前，不能有任何退缩。但目标的实现不是一蹴而就的，要戒骄戒躁，循序渐进，通过不断的进步逐渐取得自信。

2、感恩，博爱之源

妈妈听到的故事

孝女张妹的故事

这是一个真实的故事。

故事的主人公叫张妹，生于1991年，是武昌理工学院物流管理专业2010级的学生。进入大学后，她学习刻苦，各科成绩都名列前茅。2012年，她发明的新型收缩式行李箱获得国家发明专利。因为家庭贫困，加上还有一个弟弟在上学，所以大学期间，她每年都申请了助学贷款。

张妹家在农村。在村里，她是公认的孝女。即使身在学校，她也时刻牵挂着生活艰辛的父母。她不奢求每周都回家看望父母，但每周都要给家里打一次电话，和父母聊聊生活、谈谈学习，问问家里的亲朋好友都过得怎么样。在张妹的心里，她始终觉得，是父母给了她宝贵的生命，让她来到这个美丽的世界，父母含辛茹苦将她和弟弟养大，真的很不容易。

在父母和周围人眼里，张妹是个乖巧懂事的女孩。张妹的父母在村里做点小本生意，每天都很忙碌，起早贪黑，辛勤操劳，因此显得很苍老。有年初冬，张妹看到爸爸的两只手都冻裂了，10个手指头肿得都伸不直，她觉得心头一阵阵抽搐。那一刻，一个主意浮现她脑海里，她暗自下定决心，要赚一笔钱，给父母和弟弟送一份爱心礼物。

心动不如行动。寒假一回家，张妹就开始留意兼职广告。经过面试，她在一家咖啡厅找了份服务员的工作，每天工资35元。服务员工作虽然简单，却着实辛苦。她既要给客人上茶水、送点心，还要对桌面进行清理，经常忙得团团转。春节期间，咖啡厅生意特别好，她忙得只能在店里吃年饭。平时上班都是每天八九个小时，但为了每小时6元的加班费，张妹主动要

求工作 11 个小时，经常工作到晚上十点钟，每天累得腰酸背痛。

十几天下来，张妹弱小的身体有些扛不住了。一起工作的其他几个小姐妹纷纷来劝她："张妹啊，怎么说你也是一个堂堂大学生，好不容易放假了，就好好在家休息，上上网，看看电视，多爽啊！你每天这样早出晚归的，何苦呢？"每当看到进店消费的那些同龄的女孩，晃着手机，喝着咖啡，惬意开怀的场景，她也不禁心生羡慕。可一想到父母收到礼物时幸福的表情，疲劳的感觉马上就消失了。她重新振作起来，继续笑容满面地穿梭在咖啡厅里。

就这样，一个月的寒假，她基本上没有休息过一天，最终她拿到了辛苦赚来的一千多元工资。领到工资的那一刻，她开心得不得了。她赶紧去商场逛了一圈，提了一堆东西回家。

一进门，张妹喜滋滋地给父母和弟弟各发 100 元压岁钱，然后给爸爸送了皮带和袜子，给妈妈送了一条漂亮的围巾，给弟弟买了双他惦记了很的手套。父母和弟弟看着这些"温暖牌"礼物，又惊喜又感动。妈妈噙着眼泪，摸着张妹冻红的手说："孩子啊，辛苦你了，妈妈感谢你！"张妹说："妈，该说感谢的是我啊。比起你们给予我的，这些真是微不足道呢！你们的恩情我永远都报答不完。"弟弟戴上手套也开心不已，嚷嚷道："姐，你真是我的好姐姐！我要向你学习，孝顺爸妈！"此时外面北风呼啸，张妹的家里却温暖如春。

后来，张妹给父母发压岁钱的事不胫而走，大家都被这个 90 后女孩的孝心之举感动了。平凡的张妹一下子成了校园"魅力人物"候选人，学校也号召大家向"孝女"张妹学习。时任共青团湖北省委书记朱厚伦同志批示，将张妹树立为"孝女"典型，并号召青年大学生向她学习。人民网著名评论员犀利指出"家庭的和谐离不开家庭成员的相互关爱。关爱是一种责任。张妹给家人压岁钱、给家人买贴心的礼物，是在用行动证明自己愿意并能够承担起家庭责任。家庭是社会的细胞，承担家庭责任本身就是在承担社会责任，能够承担家庭责任的人往往也能承担社会责任。" 随着学习热潮的升温，张妹一如既往，作为学校社团干部，她利用课余时间组织和协调学生社团开展各种校园文化活动，在节假日参加"大手牵小手"支教项目，服务留守儿童，定点辅导贫困家庭小孩。张妹的故事被人们传颂着，感恩、责任、奉献，就是张妹故事的主题。

妈妈的担忧

亲爱的女儿：

和故事里的张妹比起来，你是不是更像蜜罐里的小公主？你从小衣来伸手饭来张口，从来没为家里的事情操过心，你把拥有的一切视为理所当然。现在你长大了，有了自己的思想，你有没有想过要向故事里的张妹一样对父母尽孝，对他人感恩呢？

我担心你习惯了向父母索取，而不懂得感恩父母。爸爸妈妈把你视为掌上明珠，含在嘴里怕化了，捧在手里怕碎了。但你最近越来越任性了，回到家里总是无端地发脾气，有什么事情也不跟我们说，更别说对我们嘘寒问暖了。孩子，其实父母也挺不容易的。

妈妈担心你不懂得感恩老师。当你学习有了明显的进步或比赛取得好成绩时，你会对一直帮助你的老师说声感谢吗？你会不会自私地认为那本来就是老师的职责，成绩主要是靠自己的努力取得的呢？

妈妈担心你不懂得感恩亲朋好友。你平时喜欢跟朋友们一起玩，喜欢向她们诉说你的快乐与忧愁，反过来当她们遇到困难时，你会主动去关心和帮助他们吗？当你取得荣誉时，你会真诚地感谢同甘共苦的好友吗？

妈妈担心你不懂得感恩社会。你平时对公益活动漠不关心，其实，我们每个人都是社会的一员，我们的成长离不开社会的帮助，妈妈担心你只知道享受美好生活，不懂感恩社会，不去关心社会上需要帮助的人。

总之，妈妈希望我的宝贝能学会感恩，做一个知恩图报的好女孩。

爱你的妈妈

妈妈的7个小贴士

贴士1 感恩是爱的源泉

（1）感恩是博爱之源。一个不会感恩的人，是不懂爱的人。如果不懂得感恩，就不可能获得真正的爱。“乌鸦反哺”、“羔羊跪乳”本是中华民族的传统孝道，对父母不感恩，你就连动物都不如；对朋友不感恩，你就不会有真正的朋友；对老师不感恩，你就不会成为老师的得意门生；对同学不感恩，他们就不会对你伸出援助之手。所以，你只有怀着一颗感恩的心，才会感染别人，才会得到更多的爱，才会得到更多的支持与帮助，才能促进自己的发展。

（2）感恩让女孩胸怀大德。有大爱的人才会成大事，但凡成大事的人，都会有博大的胸襟，有细腻的感情。他们为了感恩，不断付出艰辛的努力，不断超越感恩的境界。相反，没有爱的人，他们就根本不知道感恩，心胸狭窄，器量狭小，趋利如蝇，见利忘义，心中只有自己而没有别人。这种人永远也成不了大事，即使投机一时，小有得逞，最终也只会成为没有亲情、没有友谊的“唯我主义”者。

（3）感恩不仅仅是为了报答。感恩没有称重的砝码，女生们要明白，感恩不是简单地投桃报李。感恩和施恩的两端不是均衡的天枰，感恩是超越物质属性的一种纯洁的精神付出；施恩是不求回报的，否则就无恩可言，感恩也不是简单地报答施恩者，而是把所受之“恩”放大成一种生命的奉献。比如大科学家袁隆平，把对父辈、对乡亲、对天下农民的悲悯之情化作百折不回的艰辛探索，成为对整个人类作出伟大贡献的大写的人。

贴士2 滴水之恩，涌泉相报

感恩是一个人生存与发展的需要。一个人只有懂得感恩，才能让别人对你形成好口碑，才能获得别人的巨大帮助与支持，才有可能走向成功。而不懂得感恩的人，会被人鄙视，就得不到别人的帮助与支持。有些女生心胸狭隘，喜欢斤斤计较，常常对别人的偶尔一次冒犯耿耿于怀，时间长了，只会平添怨恨，令自己陷入孤立无援的境地。所以，女生要怀着一颗感恩之心去看待身边的人，多记住别人对自己的恩情。要知道，这个世界上，没有人必须对你好，别人对你好，你要格外珍惜，要表达出你的感激之情，这样你才能获得别人的尊重。

贴士3 感恩父母

父母不仅赋予你生命，还把你养大，其中充满了诸多的艰辛和不易，因此，感恩父母是天经地义的。一个连父母都不感恩的人，连起码的做人良知都没有，是不会得到别人的尊重的。常言道："女儿是父母的贴心小棉袄"，女孩的心思比较细腻，天性温柔善良，悲天悯人，要学会把这种情感用在父母身上。心智成熟的女孩应该学会感恩父母，与父母一起分担忧愁。

(1) 尊敬父母，做一个孝顺的女孩。"尊老爱幼"是中华民族的传统美德，对父母要尊重，当与父母的意见发生分歧时，不要总认为父母的思想顽固不化，要学会换位思考，没有哪个父母不是为孩子好的，冷静下来想想，你就能明白父母的良苦用心了。

(2) 学会倾听。当父母在工作或生活中遇到困难，情绪低落时，要力争做一个合格的听众，为他们出谋划策、排忧解难。

(3) 常回家看看。常回家看望父母，跟父母聊聊你的学习、生活，陪他们看看电视，帮他们刷刷碗，做一些力所能及的家务，他们将倍感欣慰。如果家庭条件比较优越，则送父母一些礼物，他们会很感动。还可以在假期陪父母出去旅游，亲近大自然，散散心。

(4) 与父母多沟通。与父母沟通时，注意礼貌用语。如果平时学习忙，没时间回家看望父母，可以通过电话与父母沟通。无论是遇到问题还是取得了成绩，在第一时间告诉父母。在你的手机上做个备忘录，如：父亲节、母亲节、重阳节、感恩节、家庭成员生日等。在特殊的日子里，打电话祝福或送点小礼物，他们会欣喜万分。

贴士4 感恩老师

老师是我们学习的指导者，是我们成长路上的引路人。他们不仅教给我们知识，还教会我们做人的道理。老师的言传身教，对我们起着极其重要的作用。

感恩老师，把老师当做父母一样敬重。在课堂上，如果有不同于老师的观点，不要与老师发生争吵，要与老师沟通，陈述自己的想法，与老师一起找到正确答案；在生活上，见到老师主动问好，节假日去看望老师或打电话问候一声，老师生病时去医院探望，都可以表达你的感恩之情。

贴士 5　感恩亲朋

亲朋好友是我们社会关系中的重要组成部分，也是生命中最能依靠的人。他们有的因为与爷爷奶奶、爸爸妈妈有千丝万缕的联系，而把很多的爱和关怀给予我们；有的是我们成长路上志同道合的同伴。如果你认为他们对你的付出和爸爸妈妈一样是天经地义的，那就错了。在你很小的时候就应该学会感恩他们，他们曾经给过我们许多无私的帮助，我们的生活因为有了他们的支持而变得更加顺畅，因此，要感恩亲朋好友。平时与他们多联系，取得成绩时，要对他们的帮助表示感谢；在他们遇到困难时，要提供力所能及的帮助；在他们情绪低落时，要用女孩的细腻温柔去帮他们排解。

贴士 6　感恩社会

我们的衣食住行都是社会提供的，所以，我们有责任和义务去回馈他人，回馈社会。只有常怀感恩之心，才能得到社会的承认，活着才有价值，否则，一个人不懂得感恩，就会被视作自私自利、忘恩负义之徒，遭人唾弃。女生要表达对社会的感恩之情，可从以下几个方面做起：

(1) 节假日做义工或志愿者，力所能及地去帮助那些孤寡老人、弱势群体。用女生特有的沟通优势去感化更多的人，传递爱的接力棒。从人们的感激之情中，你会体会到奉献的喜悦。

(2)“一方有难，八方支援”。当看到同胞受难时，把你平时的零花钱拿出来，或少买一件漂亮衣服，在力所能及的范围内积极捐赠，帮助别人渡过难关。

(3) 尊重别人的劳动成果，养成良好的习惯。日常生活中注意细节，不乱丢垃圾，不随地吐痰，提高自身修养，争做文明学生。

贴士7 体验生活的艰辛

很多女生都是在父母的溺爱下长大的，从小衣来伸手饭来张口，根本体会不到父母的艰辛，把父母的付出视作理所当然，更谈不上感恩了。因此，向“感动中国”里的人物徐本禹学习，抽一个暑假去贫困山区支教，亲身体验一下苦难；到孤儿院去看望失去父母的孩子，你会发现，自己的生活是多么幸福，父母是多么不容易，你会更加珍惜眼前的所得，用感恩之心对待生活。

3. 自立，立身之本

妈妈听到的故事

美丽人生

命运总是让人无法捉摸，似乎非要跟一些人开玩笑，让人在苦难中艰辛成长，然后完成化蛹成蝶的美丽升华。

幼时的一场大火，让尚在襁褓中的她失去了双臂。从懂事的那一天起，她就练习用双脚代替双手。通过常人难以想象的艰苦磨练，她学会了用小脚拿筷子，学会了穿衣戴帽，学会了写自己的名字，学会了缝缝补补、切菜、做饭、开车、绘画、操作电脑……

这个人就是李智华。

虽然她没有双手，但在内心深处，她希望得到与常人一样的教育。她渴望获得知识，但被无数次阻挡在教室门外；她渴望读书，于是，教室的窗外多了一个垫着砖头、踮着脚尖的旁听生。李智华终于感动了老师，从那个明媚的早上开始，走上了艰难的求学路。为了做完作业，她被冻僵在窗外；为了考“双百”，她的脚冻得红肿；她虽是残疾人，却总是帮助有困难的同学……她因此年年被评为“三好”学生，还先后被评为“自强模范”、“全国十佳少先队员”候选人。

老天似乎特别跟这个坚强的小女孩过不去，1998 年考取了镇重点中学的李智华，又遇妈妈身染重病。除了学习，智华还得承担起照顾妈妈的重任。在那几年时间里，她挑战了许多人生的极限。她用一双脚为妈妈煎药、喂药、做饭。夜里，她才能翻开课本读书。

在一个寒冷的冬天，妈妈的间歇性精神病发作，离家出走了。这次出走，妈妈就再也没有回来。失去妈妈的李智华以坚强的毅力挺了下来，她知道

只有更好地活着，才能告慰妈妈的在天之灵。

默默念着贝多芬“我要扼住命运的咽喉，它将无法使我完全屈服”的誓言，李智华暗暗想着：“我要做生活的强者，没有事情能让我屈服。我要上大学，我要去追寻精彩的人生！”她咬紧牙关，付出比同龄人多几倍的努力，吃尽许多同龄人从未吃过的苦头，用行动诠释着自己的誓言。

2003 年 9 月 1 日，李智华迎来生命中的转折点，经过努力，终于凭一双脚丫叩开了西安欧亚学院的大门。在学院领导、老师和同学的帮助下，李智华更加严格要求自己，勤奋好学，自立自强。一个女孩可以没有健全的肢体，可以没有良好的家庭背景，但不能没有一颗坚强的心，这种超出常人的意志和信念李智华做到了！正是凭着超人般的自强自立，李智华在大学里如鱼得水，硕果累累：2003 年 12 月获得陕西省大学生艺术节书法比赛第二名；2004 年获得中国青年书法比赛陕西省青年 A 组一等奖；2004 年 12 月，李智华被评为“十佳学习之星”，在人民大会堂接受表彰。

在学习的道路上，李智华无止尽地探索和追求，在公益事业上，她同样做得十分出色2005年她与众多明星参加全国妇联组织的救助“春蕾女童”活动，为救助女童筹集资金近万元；2006 年 7 月，刚刚走上工作岗位的李智华将上班首月工资 1000 元钱，捐给身患白血病的 13 岁少女马依曼。

现在的李智华，继续自强不息。在学业丰收的同时，还收获了爱情和亲情，她成了一个妻子，一个母亲。凭借自强不息的奋斗精神，李智华这个折翼天使用双脚展示了残缺的美丽，用坚强的意志收获了幸福，向人们展示了绚烂无比的人生。

妈妈的担忧

宝贝女儿：

每个人都无法决定自己的命运，但却可以创造属于自己的人生。李智华就是这样，她没有在生活的重压下屈服，而是仅凭自己的双脚实现自立。读了她的故事，你有怎样的感触呢？

妈妈担心你缺乏独立生活能力。我和你爸爸为了让你全心全意学习，很少让你帮忙做家务，结果你小时候还能自己洗手帕，到上学了反而连只袜子都没有洗过。自从你住校后，每次放假都带着大包小包的脏衣服回家，更别提洗床单被套了。孩子，现在你可以依靠父母，但父母总有一天会老的。妈妈可不希望我的宝贝是个离开父母寸步难行的孩子，慢慢学着做一些力所能及的事情，学着照顾自己吧。

妈妈担心你思想上过于依赖别人，做事没有主见。不知现在你是不是每天都独自拟定学习计划，并按计划实施？以前我们总是为你安排好一切，时间长了，你就有了严重的依赖思想，任何事情总是听从别人的安排，没有自己的想法。对学习也不例外，总觉得是为父母和老师学习，这样下去，你的学习肯定不能做到最好。因为在思想上把“要我学”变成“我要学”是发挥主观能动性的第一步，只有在思想上有主见了，才能不人云亦云。

妈妈担心你从小在“富养”的观念下长大，没有理财观念，将来不能在经济上摒弃依赖他人的思想，丧失独立奋斗的勇气。你身边有很多为理想、事业而努力奋斗的女性，她们独立自主的精神有没有感染到你？我记得你有一次说过，某某老师说女孩子一辈子有两次机会，一次是找个好工作，还有一次是嫁个好老公。班上好多女孩子都说要两手准备，重点放在钓个好老公上，希望你不要有这样的思想。现在网上的八卦版总是说某某嫁个了富豪，谁又做了谁的小三，这些人都将自己的人生寄托在别人身上，这样的生活会幸福吗？

妈妈希望我的女儿不要有依赖心理，做一个自立自强的女孩，让命运掌握在自己手中。

爱你的妈妈

妈妈的4个小贴士

贴士1　自立是女生立身之本

随着经济的快速发展，当今校园里存在“拼爹”的不良现象，女生尤甚。她们从小在“富养”的观念下长大，认为父母对她付出的一切都是理所当然，认为有了好爸爸就可以高枕无忧并可以依赖终生了。一旦家庭出现变故，她们便束手无措。所以，要改变这种现象，必须学会自立，自立是维护自尊，建立自信，走向自强的基础。

贴士 2 生活自立

女生要想自立，必须学会全部的生存技能和生活本领，在食、住、行各方面学会独立自主。一个自理能力差的女生，不会洗衣服、不会刷碗、不会整理房间，一旦离开了父母，她将寸步难行。所以女生要学会从身边的小事做起，自己动手，丰衣足食。平时在家不能衣来伸手饭来张口，学会做一些力所能及的事，不要总拿“学习忙”作借口推脱。“一屋不扫何以扫天下”，坚持从洗衣服、刷碗、叠被子等小事做起，任何能力都是逐渐积累形成的。

贴士 3 经济自立

女生的主要任务是学习，经济上需要父母的支持，不可能完全实现经济自立，但是，你们可以从力所能及的事情做起：

(1) 赚取人生“第一桶金”。女生要想在经济上独立，首先要把自己的技能和特长转化为财富。如果你文笔很好，就尝试着投稿，当你拿到稿费时，成就感会油然而生。如果你的口才很好，可以试着周末或假期兼职促销，当你拿到通过辛勤劳动换取的工资时，你会感到无比的喜悦。

(2) 正确理财，合理支配。把你赚到的“第一桶金”加上平时的零花钱和过年的压岁钱，合在一起，建立自己的“成长基金”，合理支配，以备不时之需，或用来发展自己的兴趣爱好，或节假日给父母买个礼物，或捐赠给贫困儿童，从这些事情中，你能体会到自身的价值。

贴士 4 精神自立

有些女生凡事依赖别人，不能自己拿主意。她们在家依赖父母，在外依赖同学朋友，在择偶问题上，抱着“干得好不如嫁得好”的观念。但是依靠父母，父母总有一天会老去；依靠同学朋友，他们也不可能伴你终生。现代女生不能像封建社会的女生一样，做男人的附属品，没有主见。要想成为成功女性，就要与时俱进，顺应社会发展，实现精神独立。一个精神不能独立的人，又谈何主宰自己的命运呢？

(1) 勤于思考，有主见。女孩要从小养成独立思考的好习惯，凡事多问为什么，不迷信，不盲从。无论是学习还是生活上的问题都要经过自己的大脑思考，对人对事形成自己独特的看法，只有这样，才不至于被别人牵着鼻子走。女孩必须有主见，有自己的判断力。对生活，对社会要勤于思考，形成正确的生活观念，积累丰富的社会经验。只有这样，当关乎自己人生的重大选择面前，不会随风摆舵，失去方向，也不会任人摆布，失去自我。当父母的安排与你的意见不合时，要及时表达自己的想法，尽力说服父母。如父母让你学弹钢琴，但是你从小五音不全，这时，你就要及时与父母沟通，说出自己的想法。

(2) 刻苦学习，树立自立意识。女生要想实现自立，必须刻苦学习，为将来步入社会打下坚实的基础。掌握一两门专业技术，切不要有“现在靠父母，将来靠丈夫”的慵懒思想。一生都在得过且过中消磨，生命的意义就会彻底沦丧，到最后连自己都会瞧不起自己。不要把希望寄托在别人的身上，只有通过自身的努力，才能逐步实现人生的价值。

4. 环境，适者生存

妈妈听到的故事

温室的花朵

小茹是大家羡慕的幸运儿。父亲是南方某县的县委书记，母亲是当地最大的房地产开发公司的总经理。父母由于工作很忙，只好为小茹配了全职保姆，负责她的饮食起居。小茹集合了父母的优点，天资聪颖，幼儿园时起就显露出数学方面的过人天赋，小学时连跳三级，在县里小有名气，大家都争相叫她“数学公主”。

几乎毫无悬念，16 岁那年，当其他同龄人刚进高中时，小茹考上了清华，成为当年全县的头条新闻，轰动一时。爸爸给小茹办了一个隆重的升学宴，家里门庭若市，极尽奢华，一家人沉浸在无限的风光里。

可是，进入清华后的第一天，小茹就觉得浑身不自在了。学校明文规定学生要住校，所以小茹不得不住集体宿舍。在大床上翻滚惯了的小茹，实在是不习惯蜷缩在宿舍的小床里。第一晚她几乎失眠，第二天早上起床，她就傻傻地坐在床边，“小茹，你怎么还没叠被子啊，待会宿管要来检查了！”上铺的玲玲提醒道，“我从来没叠过，怎么叠啊？”小茹显得很无奈，“算了算了，我帮你叠吧，赶紧把饭盒洗了咱们去吃饭，晚了就没了。”玲玲想着小茹毕竟比自己小三岁，不忍心看她这么无助。

可是吃饭的时候，问题又来了。食堂窗口的大妈是北京人，因小茹的方音，没听清楚小茹说的是“四个馒头”还是“十个馒头”而错打，引来同学们的一阵窃笑，小茹当时恨不得挖个地洞钻进去。在家乡，大家都是美言美语地夸赞自己，她从没想过满口乡音会让自己如此难堪。而且，吃惯了南方口味的小茹，实在是咽不下那些包子馒头，又辣又咸的口味让小

茹直皱眉头，她忍不住啪嗒啪嗒地掉下眼泪来。

接下来是让小茹痛苦不堪的军训。列队第一天，她就被教官训了个狗血淋头：“你怎么连鞋带也不会系？你会自己吃饭吗？”小茹长这么大，耳边从来都是温言细语，她哪经得起这般羞辱，顿时嚎啕大哭起来，她告诉教官，以前这些事都是保姆帮着做的，此话一出，同学们有的惊诧，有的嘲笑，引起一阵骚动。小茹感觉在这里就像外星人一样，跟大家格格不入。

不会洗衣服，不会叠被子，不会系鞋带，吃不好，睡不好，还被同学嘲笑……这一切让小茹实在承受不住了，她打电话向妈妈哭诉，要求住单独的公寓，请钟点工帮忙。妈妈心疼女儿，让爸爸找关系让学校特批，让小茹住单间。

起初，班里因为有了这么个天才小公主，同学们都喜欢围着小茹。可是时间久了，加上她平时也是单独生活，和大家的交往越来越少。除了课堂上鹤立鸡群的表现让大家啧啧称赞外，一走出课堂，小茹就觉得特别孤独。有次课间，小茹看到几个同学凑在一起聊得热火朝天，便凑上去问：“你们在聊什么呀，这么高兴。”但同学们却说：“非礼勿听，少儿不宜，嘻嘻。”她们当小茹是不懂事的小妹妹，都挤眉弄眼躲着小茹。这件事让小茹特别受打击，以后的日子，她更加独来独往了。同学们去爬山，她说爬不动；同学们去打球，她说不会；同学们去电影院，她说宁愿在苹果电脑上看。就这样，小茹和那些哥哥姐姐们渐行渐远。

天有不测风云，有一天小茹接到表哥的电话，电话那头表哥的声音有些慌乱，他告诉小茹，她的父亲因为贪污受贿被双规了，母亲也因为涉嫌其中被隔离审查，很可能要判刑。表哥的一番话犹如晴空霹雳，让小茹呆若木鸡。

刚上了两个月大学的小茹急忙赶回家，街坊们看到小茹都故意绕道，还在背后窃窃私语，指指戳戳。往日的门庭若市现在已变成门可罗雀，人去楼空。见不到爸爸妈妈，小茹六神无主，一个人孤零零地蜷缩在沙发上，感觉天就要塌下来了。

“爸爸妈妈，我的数学天才为什么救不了你们？那我学它还有什么用？”小茹心里默念着。没有人关怀，没有帮助，曾经娇生惯养的小公主，一下子从天堂跌到了地狱。

若干天后，小茹的班主任因为她一直没返校也联系不上，感觉事情不妙，亲自来到小茹家。屋里的小茹，邋遢不已，眼神游离，沉默寡言。班主任赶紧拨通了120……

妈妈的担忧

亲爱的女儿：

当我听到小茹的遭遇时，第一时间就想到了你。妈妈担心你进入新的学校，因为种种不适应而给学习生活带来困扰。

妈妈担心你在寝室过小集体生活不适应。你特别爱运动，但就是不爱收拾整理和梳洗。你总说自己是个假小子，但事实上你毕竟是个女孩子。在学校宿舍里，你可不能像在家里一样，运动后如果不及时把衣服、鞋子拿去洗或晾着，那你就真是邋遢鬼啦，会被室友嫌弃的。

妈妈担心你没有父母的监督，饮食不规律，生冷不忌。去外地读书，很多人都会有水土不服的状况。我希望你能从普通饮食开始，不要一开始就新奇地对当地食物暴饮暴食。每个地方的饮食都和当地的气候条件、食物种类相关联，要从家乡的食品循序渐进地过渡到适应当地的食物，这样对自己的身体就不会造成伤害。

妈妈很担心你的学习不能适应新的变化。因为我知道所有的高中老师都描绘了一个特别自由的大学，刺激你们熬过高考岁月。真正的大学却是你现在正在体会和经历的，要接受这个现实，理想和现实的差距真的很大。关于所学的专业，这才刚刚开始，没有投入地去学习、掌握，是没有资格评判好与不好的。

妈妈最担心你在新环境中人际关系不和谐。你总是嘴比脑子快，在家里时就总是提醒你，说话做事要多想想。在新环境里，别人不了解你的为人、性格，直来直去的话说出来是很伤人的。在家里爸爸妈妈可以迁就你，原谅你，可是到了学校，你得收敛一些，用心经营和同学、老师的关系。

希望你有什么不适应的地方要尽快告诉妈妈，我们一起想办法调整。只有心情舒畅，才能迎接更多的挑战。

爱你的妈妈

妈妈的4个小贴士

贴士1 适者生存，自然法则

“物竞天择，适者生存”，这是自然法则。人所处的环境是客观存在的，是不会随着人的主观意志而转移的。如果你能很好地适应，就能生存和发展，如果不能适应，则无法生存，甚至被淘汰。恐龙曾是地球上最强大的动物，却因为不能适应环境而灭绝。

女孩在求学阶段会遇到不同的环境，如果适应得快，能促进发展；如果不能适应，则会阻碍发展。

贴士2 熟悉环境

对学生来说，新的环境就是学校，当你到了一个新的学校之后，首先要做的就是熟悉环境。女生对新事物的接受过程往往比男生慢，因此，不要急于求成，要先从熟悉环境做起。

(1) 生活环境

生活环境主要包括：学校的饮食特点和住宿条件、学校的道路及教学楼的分布，商店、食堂、邮局、银行的位置等。生活环境为实践提供自然条件，它除了一定程度上影响你的身体健康外，还会影响心情。熟悉这些环境，是开启新生活的第一步。只有熟悉了这些，才能保证生活和学习的有序进行。

(2) 学习环境

学习环境主要包括：学校的特色、办学理念、课程设置、图书馆、资料室、实验室等。尤其是课程设置，尤为重要，无论你处于初一、高一还是大一的开学初，这都是首先面对的问题，不能仅仅凭兴趣行事。有的女生重文轻理，看到物理化学就有抵触情绪，这是万万不可的。考试不是靠单科来取胜的，要尽力做到均衡发展。

(3) 人文环境

人文环境主要包括：新学校的老师和同学、风俗习惯、社会团体、游戏规则、各项活动安排等。老师的授课特点和同学的性格特点是我们首先要熟悉的内容，只有熟悉了这些，才能保证学习不受干扰。

(4) 软环境

软环境主要指学校的规章制度。“没有规矩，不成方圆”。学校的规章制度是针对学生制定的，要熟悉其中的内容，不要轻易触碰雷区。

贴士3 适应环境

熟悉环境之后，接下来的任务是适应环境。女生的适应能力普遍比男生差，因此，来到新的环境，不要带上你的公主脾气，一味抱怨，而要花更多的时间来调整心态，逐步适应。

(1) 生活环境：寝室是新环境里的第一个新集体，到了新集体，以友善的心态待人接物，尝试敞开心扉，接纳来自不同地方、不同性格的新室友。平时多与室友沟通，互相帮助，共同进步。在寝室里，如果你心胸狭隘，与其他人都相处不好，则会使你万分痛苦。如果你与她们相处融洽，则会让你心情舒畅，学习成绩也会取得进步。

(2) 学习环境：班级是你的又一个家，构建和谐的班级关系，培养团队合作意识。无论你是普通的学生，还是班级干部，首先要树立起班级荣誉感，班级的事就是自己的事，争当班级的主人。既要学会表达自己的观点、意见，也要学会倾听、理解，学会与人合作。

(3) 人文环境：环境不会因人而改变，要学会主动地适应它。适应环境，首先要适应你身边的各色人等。我们的适应原则是“和而不同”。你要承认每个人都有自己的长处和不足，都有自己的特点。所以与人相处，要做到求同存异，与人为善，待人宽容。哪怕是吃点亏，也不要太介意。营造一个和谐的空间，构建一个愉悦的环境，是学会生存的一种能力。

女孩拥有几个挚友，将是人生很大的一笔财富。挚友是你顺境时的分享者，逆境时的歇息地。你开心，她们会分享你的开心，这样你得到双倍的开心；你不开心，她们会陪你一起分担忧愁，这样你的忧愁就会减少一半。与真诚、善良、开朗、上进的女孩交朋友，她们身上的正能量将使你的生活每天都是彩色的。切莫与品行恶劣的人为友，如果遇上，敬而远之。

求学阶段，能求得一位德艺双馨的老师成为自己的好朋友，将是你此生最大的财富之一。这是很多成功人士的宝贵经验。博学的老师是一座富矿，在老师那里，不但能学到好的学习方法，还能教你如何为人处世。老师的言传身教和人格魅力，将使你受益终身。

(4) 软环境：学生要自觉遵守学校的规章制度，这是搞好学习的前提。如果你学习成绩好，但不守纪，一样会受到处罚。

贴士 4 改造环境

有些女生生性胆小，遇事喜欢逆来顺受，这样是不利于发展的，因而，一旦环境中出现问题，一定要拿出魄力，积极地改造环境，化不利因素为有利因素。

(1) 生活环境：如果你觉得食堂的饭菜不对你的胃口，可以向食堂、老师反映，协商解决问题，以期适当地调整；如果不行，就换地方吃，不要让它影响你的身体健康。如果你的室友有不良习惯严重影响到你，你可以去帮助她改正，如果对方固执己见，你可以申请调换寝室。

(2) 学习环境：如果学习上遇到困难，向老师请教或寻求同学的帮助。老师喜欢好学的孩子，当你喜欢问问题时，说明你的学习进入状态了，主观上想把学习搞好，老师是非常喜欢这样的学生的。不要害怕自己提出的问题太幼稚会遭人耻笑，笨鸟先飞，态度往往决定成败，千万别不懂装懂，自欺欺人。

(3) 人文环境：女生在新的环境大多喜欢结伴而行，那么，在选择同伴时，要多与学习好的同学交朋友，互相学习，共同进步。班上如果有同学特别爱逞能、好表现，你很不喜欢，那么，不要耿耿于怀，换个角度，多想想她的优点，就不会那么难受了。如果你与同学发生了争执，事后冷静下来好好反省，如果是你的错就主动承认错误，弥补过失。不要太内向，要学会主动与人打交道。

(4) 软环境：如果你对学校的规章制度有不同的想法，认为有些内容有漏洞、死板、不切实际，那么，向老师或教务处反映，或写信给校长，他们会给你合理的解释或加以调整的。

5. 虚荣，心灵的尘埃

妈妈听到的故事

梦醒时分

走马灯似的在脑海里闪过各种和自己有过交往的人，疲惫、寂寞、悔恨的小宇，坐在冰冷的马路边，泪眼婆娑。

小宇出生在一个普通的工薪家庭，父母在她很小的时候就注意培养她的绘画才能。上大学后，她扎实的基本功和对构图色彩的敏锐捕捉让老师们交口称赞。

父母为了她的艺术发展，节衣缩食，让她进入最好的艺校学习。朴素单纯、画功扎实的小宇很快成了老师们关注的焦点，“这么普通的笔也能画出这么好的效果”……类似的语言在小宇的耳中像赞美也像讽刺。随着联考的临近，同学们的压力都很大，小宇也觉得有点力不从心。一次主题创作小考失利后，同学的一句话刺痛了她的自尊心——“看看你的烂笔，能妙笔生花吗？天天穿这么土，哪有艺术家的气质？”第二天，出于赌气，她偷偷拿了妈妈交电费的 50 元钱，去买了一盒新碳笔和一个漂亮的发卡。事后，妈妈虽然生气，但更多的是自责，怪自己没为孩子创造更好的条件，使她被同学嘲笑。

进入大学后，她远离了父母，生活更加逍遥自在了。大一时因为成绩名列前茅，画风独特，笔触细腻，她被选为学院的平面宣传设计组长，成为院里小有名气的学生。女生的羡慕，男生的欣赏，极大满足了小宇的虚荣心。同系的油画组组长斌学长率先走入了她的世界，温情脉脉的关怀，无微不至的照顾，让小宇深受感动。但新的问题很快出现了，小宇发现设计组的时尚学姐们，谈论的是男友已经给自己找好了工作或出国深造。她们说：灰姑娘吸引屌丝，公主吸引王子，女王才能吸引国王，想吸引更好的男友一定要让自己看上去更优秀。这让小宇又有了新的打算。

外形高挑端正的小宇首先想到的是去高级服装专卖店做兼职，一来可以赚些外快，二来可以提升着装品位。一次意外，她发现在这样的店里偷走衣服很容易，于是借工作的便利，小宇"攒"下了不少好衣服。小宇时尚的着装，吸引了更多的异性。

学校动漫社的社长枫也拜倒在她的石榴裙下。枫可是众多女孩争相追逐的"高富帅"，长相帅气，家道殷实。枫经常送她营养品、高档化妆品，周末开着跑车带她去郊外寻找创作灵感，带她参加各种画展和交流会，还常托国外的朋友给她买最新的油画册。而斌呢，她也没明确拒绝，继续和他温情漫步、卿卿我我。

小宇很享受两个男孩的追求，也很享受女同学们羡慕嫉妒恨的眼神和议论。不久，枫在小宇生日时拿着一大束玫瑰在西餐厅向她告白，并告诉她，他爸爸愿意为她开一间以她名字命名的画廊。王子和屌丝之间的选择没有让她纠结，在浪漫的音乐与美酒中她接受了枫，放弃了默默守护的斌。

转眼到了大三，渐渐习惯了枫带给她公主般的生活。她不再出现在学校的画室、教室、图书馆和寝室，每天只出没在画廊和枫帮她租的"家"里，尽情刷枫给她的信用卡，用各种奢侈品牌装扮自己。她陶醉于这种被人捧在手心的感觉，这才是她想要的生活。临近毕业了，她甚至开始幻想未来的少奶奶生活。

但做过的事不会因为你刻意去忘记就能消失，时尚街的高级服装失窃案，在综合了各失窃店铺的监控录像后，将嫌疑最终锁定在小宇身上。而宿舍衣柜里、照片上小宇的高档衣服也都沉默地证明了事实。枫在第一次陪她去派出所接受调查后，就没有再去看过她，一股不祥的预感涌上心头，让小宇非常害怕。

当父母全额赔偿了失窃店铺的损失，回校收拾行李时，她想去见枫，她害怕失去曾经拥有的一切。她径直向枫租的"家"奔去，"家"门口枫的跑车是那么熟悉，但当看清车内的人时，小宇瞬间觉得浑身冰冷到极点，车里的枫和一个陌生女孩亲吻着。"曾经以为你是才情公主，但实际上是个小偷！我可不想再和你有瓜葛。"耳中反复回响着枫那刻薄的声音，她甚至没有发现自己已经走进了快车道……

妈妈的担忧

亲爱的女儿：

妈妈今天写信心情很沉重，因为像小宇这样虚荣的女孩在我们身边还真不少，妈妈担心你也是个虚荣心强的孩子。

妈妈担心你会因为虚荣，为了追求高分而做出舞弊的愚蠢行为。读书是为了增长知识和才干，提升自身的素质，而不仅仅是考高分用以炫耀的。还记得上次你跟我说某位同学考试舞弊被处分了，你说她每次考试都带小抄，只是这次监考太严，不走运而已。虽然你一直很努力地学习，想成为被人赞扬的好孩子，但我不希望你像小宇一样弄虚作假，你应该能发现被处分的同学，已丧失了做人的诚信。所以说只要错一次，不仅会葬送过去所有的辛苦努力，连做人的信誉度也损伤了，这其中的利害关系你可明了？

妈妈担心你过于虚荣，而迷失了自我。以前你的日用品都是我准备什么，你就用什么，但这学期开始，我发现你每次回家买东西，都是只买贵的；换季时只带新衣服，款式旧点的都留在家里。上次你还提出要增加生活费，说要买什么日韩的名牌衣服。新潮的东西并不会适合每个人，尤其是女生，天然去雕饰其实比浓妆艳抹更耐人寻味，盲目追求新潮只会迷失自我。

妈妈很担心你会因为虚荣，只与“白富美”交朋友。当你将“朋友”变成炫耀身份地位的招牌时，就会错失真正的友谊。最近你谈起学校的朋友时，说得更多的是谁的爸爸当什么官，谁的妈妈开什么车，朋友们经常去什么高档的地方开生日派对……而那些你大一时曾一起参加过勤工俭学的朋友，你没再谈及。

妈妈担心这么多，并不是不相信你了，而是希望你能和妈妈多交流，谈谈你的真实想法，妈妈相信你能做出正确的判断与选择。

爱你的妈妈

妈妈的4个小贴士

贴士1 虚荣，虚假的荣耀

虚荣，是本不存在的虚幻假象。女生过分追求这些虚无缥缈的外在假象，就会放弃很多内在的东西，舍本逐木，只会遗憾终生。

爱美、爱面子、爱别人夸耀，这是人的一种很正常的心态。女生有这么一点小小的“虚荣”，并不是坏事。为了美，为了面子，为了受到别人的追捧，去学习，去努力，去把自己做得最完美，那么，这点小小的“虚荣”就成了驱动自己前进的动力。

但是，虚荣心强的女生，往往出现人生观和价值观的错位，把享乐当作荣耀，把高人一等当作荣耀，把拥有无尽的物质财富当作荣耀，而享乐、富贵是没有止境的，这种追逐也就没有尽头。于是，女孩为了在短期内实现这些东西，往往会放弃艰苦的努力，寻找达到目标的捷径，甚至会莽撞地“拿青春赌明天”，做出一些有损人格、辱没父母的蠢事来，此时，“虚荣”就成了女孩心底的一颗毒瘤。

贴士 2 虚荣不能满足你的真正需求

女孩们之所以追求虚浮的东西，主要是因为不能清楚认识自己的真正需求，随波逐流，盲目效仿。其实，众人追求的东西并不一定是你的真正需求，你要善于根据自身特点来明确目标，制定计划，并坚定不移地执行，而不能为了随大流而举棋不定，左右摇摆。

(1) 学习上：盲目重文轻理，有些女生理科成绩不错，但是，看到众多女性在文科方面突出，取得一些成就，于是，便放弃自己的专长，盲目认为只有像她们一样才能获得成功，完全不考虑自己到底擅长什么。

(2) 容貌上：盲目追求时尚，不考虑自己到底适不适合，如看到大街上很多女孩染黄头发，便盲目从众；看到喜欢的明星鼻梁高挺，便不顾家里的反对，偷偷地去美容院。这样，时间一长，就不知道自己到底美在哪里了。其实，爱美是女孩的天性，女孩的美是由内而外透出来的，不需要夸张的粉饰。整天关注穿着打扮，肯定无暇顾及容貌以外的东西，这样只会导致你对外在的东西越发看重，而完全无视内涵，更加虚荣。女生如果没有内在美作依托，她漂亮的容貌是不能持久的。

(3) 个性特长方面：盲目报兴趣班，如看到别人说一口流利的英语便羡慕不已，为了让自己也能获得这份荣耀，便在外面报英语学习班，完全不考虑自身的实际情况，不清楚自己到底想要什么，或者想要达到什么样的目的。

贴士3　虚荣改变不了差距

很多女生爱慕虚荣是因为心态不平和，对别人的东西耿耿于怀。认为别人有的我要有，别人没有的，我还是要有，否则我就没脸面，没尊严，这是一个极大的心理误区。“脸面”、“尊严”是建立在丰富的文化涵养和真正的智慧才干的基础上的。

(1) 学习方面：有的女生学习不好，平时不刻苦，便在考试时作弊，弄虚作假，企图取得和别人一样的好成绩。即便能侥幸成功，能暂时蒙骗父母和老师，但假的终究是假的，总有一天会真相大白的，等到那时，她的人品将会受到全盘否定。

(2) 家庭方面：如果和别人的父母相比，你的父母没有高收入、高职位，你或许会为之苦恼不已，觉得低人一等，极力掩饰。但这些是你无法选择的，你能做的就是正视现实，努力学习，从其它方面获得成绩来拉近与别人的差距。

(3) 外貌方面：如果你外貌不如别人漂亮，也不必苦恼，不要把漂亮的外表看得太重，不必为了追求美貌而荒废学习。美貌除了能给你的第一印象加分外，并不能决定你的成功。

所以，当你意识到与别人有差距时，不要为了所谓的“面子”而弄虚作假，要认识到人生不如意之事十之八九，事不如意，技不如人，这是正常的事，不必用虚假的东西来掩饰。太过追求虚假的荣耀，自欺欺人，最终不仅改变不了差距，还会使差距扩大。

贴士4　过分攀比，自寻烦恼

很多女生生性要强，喜欢较着劲和别人攀比。校园里存在一些吃喝讲排场、玩乐讲高档的现象。在生活方式上落伍的女生未免遭讥讽，受冷眼，有的便不顾家境一般，盲目跟风，打肿脸充胖子，最终弄得囊中羞涩，底气全无。这种做法无异于割肉补疮，愚蠢至极。就象莫泊桑《项链》中的那个玛蒂尔德一样，满足了一次舞会的虚荣，却付出了半生辛劳的代价。

6. 谎言，易碎的花瓶

妈妈听到的故事

谎言断送的青春

莹莹出生在一个农村家庭，父亲早逝，她与母亲相依为命，因家里条件差，时常为温饱问题发愁。为了改变这一现状，母亲来到广州打工，常常起早贪黑，生活十分艰难。因为平时工作忙，妈妈总觉得对女儿很愧疚，于是，在物质方面总是尽量满足她，这让莹莹逐渐养成了很多坏习惯，用钱大手大脚，撒谎成瘾。

莹莹小时候没有爸爸，她害怕被别人欺负，就对小伙伴们撒谎说，爸爸是干保密工作的，武功很厉害，大家还真被她的谎言吓住了，没人敢欺负她。考试没考好，害怕妈妈伤心，使偷偷改了分数，妈妈竟然被糊弄过去了，看到高分就露出幸福的微笑，并奖励她几毛钱买零食吃。只是改个分数，撒个谎，妈妈不伤心，自己还有奖励，这种感觉太好了。她逐渐喜欢上了说谎，于是谎言越来越多，滴水不漏。本来因为睡懒觉导致上学迟到，她对老师撒谎说身体不舒服，去医院耽误了；放学后去网吧玩游戏，她对妈妈撒谎说在同学家复习功课……撒谎逐渐成了莹莹的家常便饭，每次撒完谎后，她都对自己说："我还年轻，说点谎没事，哪个人没说过谎！"

现后来莹莹说谎已经不需要理由，张口就来。她明明穿着一件山寨衣服，回到寝室却说花了几千块买的高档衣服。多少次，她骗同学"我肚子疼，能不能借我点钱看病？" 然后借故不还……这类事情多了，同学们都心照不宣，知道莹莹嘴里从来没有真话，渐渐疏远了她。学校没有一个知心朋友，她就到校外玩。久而久之，网吧的网友、KTV 的舞友，HIGH 吧的小混混们成了莹莹的知心朋友。

“老师，今天家里有急事，请个假！”“老师，我生病了，要去医院看病！”“老师，我外婆病重了，要回老家探望。”诸如此类的谎言成了莹莹向老师请假的理由。有一次，她和社会上的小混混去歌厅K歌彻夜未归，母亲打来电话，她撒谎说在学校申请了寝室方便学习。妈妈给学校打电话，老师说她已经几天没来上课了。妈妈一听，气得七窍生烟，但严厉的训斥对女儿已经没有用了。情急的妈妈想了个招，说她病了，要莹莹赶快回来。第一次莹莹信了，赶回家，说一定改。但谎言不会因为人的身份而改变本质，妈妈的谎言后来就再也不能骗女儿回家了。母女俩陷入了谎言的拉锯战。

一天，妈妈突然接到陌生人的电话，说莹莹在他们手中，三个小时内要收到10万赎金，不准报警，否则就要撕票。慌乱的妈妈非常害怕，马上凑了10万打到指定账户。等晚上女儿打电话报了平安，妈妈准备报警时，莹莹才说是和朋友们学着电视里情节模仿做的。因为零花钱被妈妈限制了，但外面玩的开销太大，她已经欠“朋友”很多钱了，这次算上利息一起清了。

妈妈被惊吓、担心、气恼彻底击垮了，引发了心脏病。莹莹接到母亲心脏病突发入院的消息时，不是先赶到医院去看望妈妈，而是拨通了舅舅的电话：“舅舅，你快救救我妈妈吧！她心脏病突然发作，住进医院了！医院马上要手术，需要五万元钱！”消息来得突然，舅舅也知道姐姐平时日夜操劳，身体一直都不好，再加上电话那头莹莹哭得伤心，也没来得及多问，安慰了几句后，迅速将钱汇给了她。莹莹就这样又轻而易举地骗了五万块钱。

当舅舅第二天赶到医院时，才知道真相。痛苦不已的妈妈不知用什么办法才能唤醒迷失的女儿，绝望之下，决定用生命作赌注，深夜给女儿发了告别的短信，希望能见她最后一面。这次妈妈没有骗莹莹，真的割腕自杀了。但迪厅里疯狂跳舞的女儿根本就没有理会这条短信。

妈妈的去世的确让莹莹冷静了一段时间。但没有了家人，没有学历，没有工作，生活空虚而无聊，社会朋友很快又成了她的精神寄托。酗酒、吸毒、没日没夜地厮混，很快莹莹卖掉了所有的家当，和一帮小混混一起靠骗、靠偷、靠抢混日子。不久，莹莹在某商场盗窃时被当场抓获，进了监狱，并强制戒毒。就这样，莹莹的青春年华将要在铁窗里度过。

妈妈的担忧

亲爱的女儿：

读完这个故事你有何感想呢？现在能理解妈妈再三跟你强调做人要讲诚信的道理了吧？还记得小时候妈妈常给你讲的《狼来了》的故事吗？一次说谎不可怕，可怕的是习惯性说谎。故事中的莹莹就是这样用谎言一步步葬送了自己的青春。

妈妈担心你做了错事害怕受责罚而撒谎。当学生不要害怕犯错，人都是在不断地犯错与改正中进步的。如果犯了错，害怕受责罚而撒谎，只会错上加错。还记得小时候，有一次弄坏了老师的伞，你惶恐不安，妈妈带你主动向老师承认错误的事吗？老师不仅没有责备你，反而夸你有勇气承认错误。

妈妈担心你因为需求得不到满足而撒谎。记得有一次你想要性能更好的MP3，但当时我们没能理解你，拒绝了你，于是你就欺骗我们，说同学的家人生了重病，学校号召同学们募捐，你就这样用说谎的方式满足了自己的需求。你可曾想过我们知道真相后的感受？

妈妈担心你因为好面子而说谎。妈妈知道同学之间喜欢互相攀比，喜欢说一些不切实际的空话。我担心你也随波逐流，为了追求所谓的面子而说谎。你经常说有的同学去过很多地方旅游，有的同学爸爸是商人，有的同学家里有好几套房。妈妈真担心你受他们影响而爱慕虚荣。因为我们只是普通的工薪家庭，妈妈担心你会羞于承认而说谎。

妈妈只是想告诉你，家永远是你的安全港湾。妈妈爱你，你真正的朋友也爱真实的你。不要用谎言去维持表面的光鲜。

爱你的妈妈

妈妈的4个忠告

忠告1　说谎的代价是沉重的

一个人一生难免要说些假话，比如礼貌地拒绝，情急时的自我保护，激励性的赞誉等，只要不伤害他人，不造成恶果，而且当假话揭穿后，人们对你更敬佩，更喜爱，这种假话似乎也无可厚非。

为世人所诟病的说谎，是以谋取私利为目的、以诋毁他人为途径、以导致恶果为结局的恶意欺骗行为。这种谎言一旦产生，你就要绞尽脑汁制造一个又一个谎言来把这第一个谎言说圆。这就好比为了不让第一个肥皂泡破灭，就要想办法吹出一连串更大的肥皂泡将它罩住。但是生活的经验告诉我们，肥皂泡越大越容易破灭。当谎言穿帮之后，暴露出来的是人品的可疑，信誉的一落千丈。女生，尤其是知识女性，要做到谨言慎行，无论是你今后扮演家庭主妇的角色还是社会职场的角色，你的语言，你的承诺，是对你的形象的第二次塑造。你要立言、立行、立世，就必须做到不说谎。

其实，在当今社会，率真的女性显得更可爱，更能被接纳，更有获得提升的机遇。

忠告2　善意的谎言要巧妙

善意的谎言是指：为了照顾他人的情感，为了维护他人的自尊，或为了逃避坏人的伤害而说的谎。主要有以下几种情形：

(1) 有时在特定的场合，出于礼貌，不得不说谎。如当你跟身材胖的女生聊着装时，“你这样穿一点也不胖啊”跟如实说相比，让人更舒服；当收到长辈费尽心机挑选的颜色过时的衣服时，一定要欣喜地穿上，表现出十分的赞赏和感谢，哪怕等别人走了立刻脱下塞进箱底，也比当面流露出你的真实感情要好得多；当你想拒绝又担心伤人面子时，“改天找你喝茶”“我身体不适，不方便来”之类的话会让人感觉更舒服。出于礼貌而撒谎，往往能博得好人缘，这也是待人接物的一种技巧。

(2) 为了不让家人担心，也可以采用说谎的方式。如当你生病了，但不严重，为了不让父母担心，则自行处理，用说谎的方式故意隐瞒，等病好了再跟父母说；或者当你的家人生病较严重时，也可以暂时假托理由隐瞒病情。

(3) 有时为了保护自己，不得不说谎。比如，当女孩只身一人面对坏人时，在与犯罪分子周旋和斗争中，不能蛮干，只能智取，说谎在这个时候是一种智慧的策略，而不是欺诈。

(4) 为了息事宁人而说谎。在寝室里，遇到有同学吵架时，为了天下太平，和谐相处，采用两头瞒的方式，夹在中间左右斡旋。善意的谎言用得好，可以让大家都心满意足，面上有光，可一旦失手，又伤人伤心。

忠告 3　恶意的谎言要杜绝

恶意的谎言是指：为了获得更多的利益、故意伤害他人或逃避责罚而说谎。

(1) 为了获得更多的利益而说谎。有些女生心胸狭隘，为了争得荣誉或博得别人的好感而故意说谎，捏造事实，诋毁竞争对手。这种做法在学校评优秀的关头较为常见，她们以为通过这样的手段把竞争对手挤下去了就高枕无忧了。但是，谎言一旦被戳穿，就会得不偿失。有的女生爱慕虚荣，同学的好衣服、新手机无不引起她们的羡慕，为了得到这些，她们往往会对父母说谎。但是，一旦父母知道了真相，就会不信任你，那么，以后你的合理要求也会无法得到满足。

(2) 故意伤害他人而说谎。平时在与同学相处的过程中，与别人发生摩擦，就怀恨在心，故意编造谎话，恶意中伤他人。这种做法只会让其他同学对你越来越反感，把自己置于孤立无援的境地。

(3) 为了逃避责罚而说谎。有的女生学习成绩一直达不到父母的期望值，害怕受责罚而说谎。但骗得了一时，骗不了一世，父母终有一天会去学校了解情况，这样的说谎不能给你带来任何好处，只会让父母对你更加失望。这时，你要做的是与父母坦诚相待，分析原因，找到方法，争取一步上一台阶，努力向目标看齐。

因此，要时刻提醒自己，不说谎话，对任何人都不要说恶意的谎言，有要求尽管如实相告。

忠告 4　勇于认错，及时改正

有的女孩说了谎言，因为害怕承担后果，不敢承认，整天担心谎言被戳穿，诚惶诚恐。其实，她可以用曲折的方式表达歉意，如通过闺蜜或写信表达歉意。说谎后的自责和愧疚令人难受，只要你勇于承认错误，及时改正，那么仍然不失为一个诚实的人。相反，说谎后不以为耻，反以为荣，长此以往，就会形成习惯性说谎的习惯，那么，你的诚信就荡然无存了。人都是在不断的犯错中历练和成长起来的，要勇于承担起应负的责任，使自己成为一个受人欢迎的人。

7. 嫉妒，仇恨的种子

妈妈听到的故事

被嫉恨腐蚀的心灵

小荣是一名高三女生，学习成绩优秀，深受老师和同学的喜爱。老师对她寄予厚望，认为她若能保持这种状态，一定可以考上好大学。

但是这一切却在小欣的加入后，发生了颠覆性的变化。

同学们都很关心转学来的小欣，同桌小荣对她更是关怀备至：带着小欣熟悉校园，一起去食堂吃饭，一起上自习。在大家看来，小荣和小欣就是要好的姐妹。

但是在第一次高三月考成绩揭晓后，小荣对小欣的态度发生了变化。在小欣转来之前，小荣的成绩一直是班级第一，但是这次月考，小欣名列第一，小荣第二，后来班上的一些同学遇到问题了就向小欣请教，而小欣总是耐心地给大家讲解，这样同学们就越发喜欢她了。这让坐在旁边的小荣倍感失落，曾经同学们也是这样围着她的。

后来小荣下课了总是先去食堂，不再等小欣，有时候小欣叫她一起她也推脱有事先走。上课的时候，小荣也不再认真听课，而是斜着眼睛看小欣是怎么听讲的，怎么学的。

有一天，小荣和同学小可一起去水房打水时，一路上闲聊起来。小可问："小荣，最近怎么没见你跟小欣一起啊？是发生什么事了吗？"小荣一听到小欣的名字就来气，说："人家是含着金钥匙出生的，我哪能高攀跟她做姐妹呢？"此话一出，话匣子就打开了，小荣倒豆子般开始抱怨："亏我以前对她那么好，把她当做朋友。可她呢，从一开始就藏私，瞒着心思和我相处。课间就来找我玩，回家了就偷偷学习，每次都让老师表扬，真虚伪。是，我没她漂亮，可是她也不用拉我去当陪衬吧，以后有她的地方就没我，有我的地方就没她！”

实际上，小欣的为人大家都很清楚，阳光直率、待人诚恳，绝不是小荣说的那样。没有不透风的墙，不久，小荣讨厌小欣的事就在班上传开了，可是小欣听了只是一笑了之，她对小荣还是像往常一样好。强烈对比中，小欣的人气更高了，而小荣，却更加“门前冷落车马稀”，成绩也迅速下滑了。第二次月考，她一下子滑到了班级第十五名，而小欣还继续是第一名。同学们就更是什么问题都向小欣请教，由于小荣每天都阴沉沉的，同学们就更加疏远她了。

大家的疏远就像在小荣的心里撒了一把盐，她越发觉得是小欣在背后搞的鬼，说了她的坏话。终于，淤积的情绪彻底爆发了，在一个课间，她在教室里大声地指桑骂槐，指责小欣的种种不是，却没想到班上同学异口同声地替小欣辩护。一时间，她感觉前所未有的孤立无援，瘫坐在地上嚎啕大哭。

小荣觉得所有人都不理解自己，她甚至怀疑同学们都在悄悄嘲笑自己，就更没心思学习了。小荣的学习成绩一落千丈，高考没能考上如意的学校，最终读了一所职校，而小欣却考上了小荣梦寐以求的名牌大学。

在职校读书的日子，小荣内心一直很自卑，总想着自己曾经的骄傲，陷入对高三那段日子的回忆中。看着网上高中同学对大学生活的描述，尤其是看到小欣在大学的美妙经历，小荣懊悔不已，无法自拔地将愤怒全部投向小欣。

在职校的每一天，小荣总是一个人学习，即便是上课也是坐在角落里，不愿和人同桌。考试成绩若不是第一，就会非常烦躁，对同学说怪话。班级活动从不参加，久而久之，新学校的同学也觉得小荣难以接近。在学校没有朋友缺乏交流的小荣变得越来越敏感，学习生活稍有不顺，便认为是有人嫉妒自己，经常迁怒同学。恶性循环下，小荣越来越活在了自己的世界中，精神状态愈发异常，甚至会在上课时突然无理由出走。最后无法正常继续学习的小荣被迫休学了，父母只好把她送进了精神病院。

妈妈的担忧

宝贝女儿：

听了小荣的故事，你是不是跟妈妈一样感到不寒而栗？嫉妒的杀伤力真大啊，妈妈真担心你也会有嫉妒的心理。

妈妈担心你嫉妒家庭条件比你好的同学。妈妈记得，有一天你不小心把放在桌上的手机碰到了地上，我赶紧拾起来，你却说："这破手机摔坏了也不可惜！又不是IPHONE!"还说班上几个同学都买了IPHONE。妈妈记得，你经常提起班上几个同学是"富二代"、"官二代"，觉得他们很幸运，什么事情轻轻松松就能做到，任何东西不需要努力就能获取。最后，还叹息："我怎么就没投胎到他们家呢？"宝贝，你愤懑、沮丧是嫉妒别人外在的物质，还是在责备父母爱你不够呢？孩子，亲情不是用商品的价值来标价的。

妈妈担心你嫉妒成绩比你好的同学。妈妈记得，有次重要的比赛，你发挥失常，没能取得理想的成绩，而另外一名平时成绩不如你的同学却取得了优异成绩。你很失落，愤愤不平。妈妈记得，你一直朝"优秀学生干部"努力，期末投票时仅一票之差落选，为这事你差不多一个月没与那位成功当选者说话。你是否冷静想过，别人也一直努力着，获得成功也是应该的，你失常了就要所有人都失常吗？想想你第一次获得别人认可的感觉，你是不是该为这些和你一样努力的人祝福呢？

妈妈担心你嫉妒外貌比你漂亮的女孩。你常常对着镜子一照就是半天，我真担心你过于关注外表而忽视内在的东西。你经常说班上那个同学很漂亮，但是人品很差，妈妈不知道到底是你在嫉妒她。故意说她坏话，还是事实如此，但愿妈妈的担心是多余的。

妈妈担心你会因为极为膨胀的嫉妒心而做出过激的事情来。妈妈害怕你长期这样心理不平衡走极端。你跟我说你班上有几位女同学喜欢凑在一起背后说人坏话，这是非常要不得的，妈妈不希望你加入其中。

宝贝女儿，妈妈总听到你说"既生瑜何生亮"，妈妈能理解你的忧伤，一味地嫉妒别人，只会伤害自己。宝贝，人生是场马拉松，领先或落后都只是暂时的，风物长宜放眼量，用一颗平常心对人对事，你的世界就会变得更大，更大的世界里风景会更美好。孩子，千万记住，嫉妒改变不了你和别人的差距，只有抱一颗谦逊之心，奋发之心，你才会把嫉妒改写成自豪。

爱你的妈妈

妈妈的4个忠告

忠告1 正视嫉妒

嫉妒是与他人比较时，发现自己在才能、名誉、地位或境遇等方面不如别人而产生的一种由羞愧、愤怒、怨恨等组成的复杂的负面心理状态。嫉妒心理是人的一种很普遍的心理，对女生来说，同学的学习、外貌、家境等，都可能引起嫉妒。

忠告2 嫉妒改变不了现状

很多女生天性要强，遇到比自己强的同学时，往往心生嫉妒，总想通过其它方式压倒对方，但是，无论你如何嫉妒别人的优点，也改变不了现状，差距仍然存在。如别人比你漂亮，无论你如何妒火中烧，都无法改变她漂亮的事实。

忠告3 嫉妒伤害自己

嫉妒心理会使自己心态失衡，如果不及时调节，容易导致走极端，严重影响身心健康。嫉妒心强的女生，往往没有豁达的胸怀，会过分关注与竞争对手之间的差距，作茧自缚，影响自身的情绪，而不良的情绪会大大降低学习或工作的效率。嫉妒心强的人肯定结交不到知心朋友，嫉妒心强的人往往事事好胜，常想方设法阻止别人的发展，总想压倒别人，这可能使同学、朋友躲开你，不愿与你交往，从而给自己造成一个不良的人际关系氛围，你因此会感到孤独、寂寞。

忠告4 嫉妒会引发仇恨

嫉妒者不能容忍别人超过自己，害怕别人得到自己无法得到的名誉、地位等，自己办不到的事别人也不要办成，自己得不到的东西，别人也不要得到。程度较深的嫉妒，会自觉或不自觉地表现出来，对能力超过自己的同学进行挑剔、造谣、诬陷，最终引发仇恨。

妈妈的5个妙招

妙招1　反复自省

当你嫉妒较强的竞争对手时，要客观、冷静地进行分析，反复内省，问问自己到底嫉妒她什么，对自己有什么好处，怎样才能不嫉妒她，怎样才能平复嫉妒。要找出差距和问题，想办法缩小差距，不要因一时的得失而耿耿于怀。如果嫉妒别人比你学习好，你就结合自身情况进行反省，看看是因为学习方法不对还是努力不够；如果嫉妒别人比你人缘好，就分析是什么原因导致别人不愿意与你交往，是不是因为自己的公主脾气或小气。只有这样，才能防止嫉妒的进一步扩大。

妙招2　及时宣泄

(1) 被嫉妒困扰时，找知心朋友、亲人痛痛快快地说个够，通过倾诉，能让内心的不快减少，能帮助你阻止嫉妒朝着更深的程度发展。

(2) 借助各种业余爱好来宣泄和疏导，如唱歌、跳舞、练书法、下棋等。当做着自己喜欢的事情时，你会心情舒畅，嫉妒的毒素就不会孳生、蔓延了。

妙招3　变嫉妒为欣赏

一旦发现自己有嫉妒的苗头，要积极主动地调整心态。“天外有天，人外有人”，“强中自有强中手”，这是客观规律。一个人不可能在所有方面都比别人强，人有所长也有所短。以平和的心态看待人与人之间的差距，对比你强的人，要学会用欣赏的眼光去看待对方。别人家境比你好，长相比你漂亮，并不能说明她一定比你成功，不要因为你无法拥有别人拥有的东西而心生嫉妒，恶语相对。学会欣赏别人，就不会自寻烦恼了。

妙招 4 变嫉妒为动力

女生对别人产生了嫉妒并不可怕，关键要看你能不能抑制嫉妒。不要让嫉妒心理发展为憎恨，不能认为对方比自己强就想方设法攻击对方，这样对你没有任何好处。不妨借强烈的嫉妒心理去奋发努力，把嫉妒转化为前进的动力，化消极为积极，向对方看齐并赶超对方。要善于寻找和开拓有利于充分发挥自身潜能的新领域，在一定程度上补偿先前没能满足的欲望，缩小与嫉妒对象的差距，从而达到减弱乃至消除嫉妒心理的目的。如果你长相没有别人漂亮，那么，争取在学习上发挥优势，以消减因外貌而引起的嫉妒心理。

妙招 5 与嫉妒对象交朋友

很多女生因为别人在某些方面超过了自己而心生嫉妒，想法设法对别人进行攻击，其结果往往是，与对方的差距越拉越大，自己的交际圈越来越窄。如果因为同学比你人缘好而嫉妒，就学会用欣赏的眼光去发现她的优点，与她交朋友，向她学习为人处世的方式。如果嫉妒别人比你学习好，与她交朋友，虚心请教，找到正确的学习方法，以缩小差距。

8. 网瘾，堕落的边缘

妈妈听到的故事

逃不出的“网”

小雅家庭条件优越，父亲是公务员，母亲是医生，她是家里的独生女。从小学习生活一直很顺，然而这一切从她离开父母，独自来到一个寄宿学校读高中之后改变了。

没有了父母的监督，小雅渐渐放松了学习，变得散漫起来，她不像以前那样上课认真听讲、放学后就写作业了。这样一来，成绩也下滑了，当新的环境不能再带来新奇后，小雅渐渐觉得生活平淡无味，无聊透顶，就这样磨过了两年无趣的高中时光。

到了高三，学习更加紧张。一天中午，闷闷不乐的小雅在学校附近闲逛时，发现路边有一个网吧，透过玻璃窗，小雅看到网吧里的电脑屏幕上不断闪着令人眼花缭乱的画面，心里痒痒起来。“只是见识一下，一会儿出来就行了。”抱着这种心态，小雅走进了网吧。网吧里，所有人都紧紧地盯着电脑屏幕，不断地敲击着键盘。小雅转了一圈后，找网管开了一台电脑，点开了电脑屏幕的一个游戏图标——劲舞团。从此，小雅走进了她的游戏世界。

进入游戏，小雅觉得游戏世界真奇妙，游戏里的人物或英俊潇洒，或漂亮性感，服装绚丽多彩，光鲜亮丽。听着劲爆的音乐，在别人面前展示炫目的舞姿，小雅感觉棒极了。平静了许久的生活终于起了一丝波澜，小雅觉得生活又有了乐趣。怀着愉悦的心情，小雅恋恋不舍地结束了第一次网游。

经过第一次的体验后，很快就有了第二次、第三次。小雅渐渐迷上了

这个游戏，开始频繁地出入网吧，花费了大量的时间、金钱。为了升级和买漂亮的人物服装，小雅不断地买游戏币、经验卡，甚至把吃饭的钱都省下来玩游戏。父母给的生活费，就这样被她浪费在了学校外的网吧。刚开始是课余时间在网吧度过，后来，她开始逃课玩游戏，晚上在网吧一玩就是一整晚。白天上课的时候，就去教室补瞌睡。渐渐地，小雅像变了一个人似的，她颠倒了白天和黑夜，利用一切可以利用的时间来上网玩游戏，有时候为了上网甚至连饭都顾不上吃。她把生活完全平移到了网络游戏上，在游戏里结婚，在游戏里生子。由于沉迷网络游戏，小雅对别的事情都提不起兴致，与老师同学没有任何交流，在别人眼里，她成了一个怪人。在她的世界里，现实生活仿佛不存在了。

然而，该来的总是会来。期中考试快到了，小雅心里开始着急。由于把所有时间都放在了游戏中，课程落下了很多，有些课根本就没有听过。此时小雅有点后悔了，“天天顾着玩游戏，怎么办呢？马上就要考试了，万一不及格……”想着这些，小雅心里更着急了。考试前几天，她疯狂地复习，尽管如此，考试的时候还是有很多题不会做。为了不挂科，小雅动了歪心思——抄。很侥幸，没有人发现她作弊，小雅顺利地通过了考试。

这一次的经历并没有让小雅警醒，相反，这么轻松就通过了考试，让小雅产生了侥幸心理。原来，考试也没什么，多花点时间玩游戏也没事，只要考试前多下点功夫，考试的时候抄一抄，肯定可以不挂科。后来她更加肆无忌惮起来，疯狂地逃课，经常谎称生病了，还煞有介事地说给父母听，让父母帮忙打掩护。班主任看到小雅这种状态，认真地找她谈了几次，但是收效甚微。游戏的时间总是很快，转眼到了期末考试。这一次，小雅并没有担心，反而信心满满，因为她早就做好了小抄。可是这一次，小雅却没有那么幸运，考试中，小雅作弊被老师抓了个正着。她非但没有认识到错误，反而在考场大闹一场，受了处分。小雅心想：“这个老师真是烦人，为什么要针对我？”心情烦躁的小雅想起劲舞团有活动送礼包，突然又变得无比开心，她兴冲冲地来到了网吧，疯狂地用手指跳着那令人眩晕的舞蹈，她完全忘记了，下午还有一场考试等着她。

就这样恶性循环，小雅因为玩网游耽误了太多的时间，成绩一落千丈，而远在家乡的父母并不知道这一切。高三最后阶段，当其他同学都摩拳擦掌奋力拼搏时，小雅却在游戏冲关中不分昼夜，模拟考试分数不断下降。

更荒唐的是，6月7日那天，小雅居然在网吧里玩得酣畅，把高考这事忘得一干二净。

就这样，当同学们都踌躇满志走进大学校门的时候，小雅却不得不被父母送进了青少年戒网中心。

妈妈的担忧

宝贝女儿：

听了这个故事，你是不是觉得沉溺于网络非常可怕呢？不可否认，在如今发达的信息时代，网络给我们的生活带来了很大的便捷，但是，如果没有把握好其中的度，就会象故事中的小雅一样，身心俱伤。

最近经常听你谈论网络游戏，妈妈担心你是不是也开始玩了？很多学生长期玩网游，荒废学业；还有学生为了筹钱在网游中购买升级装备，采取欺骗、偷盗等手段，走上违法犯罪的道路。

妈妈担心你沉迷于网络购物而患上网瘾。每天放学一回家，你总是一头扎在那花花绿绿的购物网站里。衣服、鞋子、包包、还有各种根本用不着的东西，你都想买。每当淘到一样所谓的便宜货时，就欢呼雀跃；每当发现自己上当受骗时，就垂头丧气。

妈妈担心你不能有效控制上网时间而患上网瘾。你经常打开电脑就舍不得从房间出来，很多时候吃饭也是一再拖延，经常在电脑前坐到凌晨，完全不懂得控制，这样下去身体怎么吃得消啊？你每天手机不离手，见东西就拍，然后传微博，乐此不疲，还自诩是“照片控”、“微博控”，放假回家也不出去找同学玩，而是上网进虚拟社区，我经常看见你同时开好几个对话窗口，连饭端到面前了你都没有反应。以前我认为像这样玩玩，等新鲜劲过去了，自然就淡了。可你却告诉我，你被“社区”选为“社长”了，要负责以后的网络社区活动，还要筹备什么“闪”行动。妈妈调查过，患网瘾的孩子，容易脱离现实社会，产生社交恐惧，而且上网时间过长还可能引起猝死。

妈妈担心你生活上遇到困难不跟我们说，而对网友产生依赖。有一天我听到你一个人在里面聊得异常开心，我忍不住推开门看，原来是和你的网友在语聊。后来我发现，几乎每天晚上，你都要网聊，甚至开着视频，一聊就是一两个小时，很多时候我们跟你说话，你总是不理不睬的。妈妈在想，一味在虚拟的世界里寻求寄托，能解决问题吗?

孩子，有多少个青春可以消耗在网络世界里？从现在开始，努力克制吧！除了上网，还有更多有意义的事情等着你去做。

爱你的妈妈

妈妈的1个小贴士

贴士1　网瘾如同毒瘾

如今，网络已成为我们生活中必不可少的组成部分，它给我们的生活提供了便捷，使我们足不出户就能掌握大量的一手材料，但网络毕竟是虚拟世界，它的虚拟的交往方式和刺激的网络游戏往往会让很多青春期的女生沉迷其中，无法自拔。一旦形成网瘾，就像沾染上毒瘾一样，产生如下危害：

（1）严重危害身心健康。青春期的女生正处于身体发育的关键阶段，沉迷于网络世界，长时间连续上网，新陈代谢、正常生物钟会遭到严重破坏，身体会变得虚弱。有研究表明：青少年长期沉溺于网络，不仅会影响大脑发育，还会导致神经紊乱、激素水平失衡、免疫功能下降，引发紧张性头疼，甚至导致死亡。同时，上网环境也会损害身体健康，网吧大多空气浑浊、声音嘈杂，在这种环境里上网，极容易被传染疾病。网瘾对心理也有严重危害：长期上网会引发忧郁症等心理疾病。过分关注人机对话，对周围事物失去兴趣，严重时对一切都漠不关心，把与别人的交往当成一种可有可无的事情，变得越来越孤僻，造成性格缺陷；网络成瘾者一旦停止上网便会产生上网的强烈渴望，难以控制对上网的冲动，这种冲动使其在从事别的活动、工作学习时注意力不能长时间集中，造成心理的错位和行动失调；网恋和网络聊天会引发感情纠葛，导致各种情感问题，造成严重的心理创伤。

(2) 导致学习成绩下降。一旦染上网瘾，被网络挤占了原本属于学习的时间，导致的直接后果就是学习成绩下降。在网上有一些商家为了赚钱，建立一些代写论文、写作业的网站，一些缺乏自律的女生便从网上购买论文、作业来敷衍老师，学习态度大打折扣，学习成绩可想而知。沉迷于虚拟世界，容易出现厌学、逃学的情况，导致学习成绩一落千丈。无节制地上网，是目前女生退学的主要原因。

(3) 影响正常的人际交往。有网瘾的女生大多性格孤僻冷漠，自我封闭，不愿意与人交往。她们沉溺于完美的虚拟世界中，沉醉于一种虚拟的满足感，满足于从网络游戏中得到的成就感，从网恋中找到的个人归属感。在虚拟的网络世界里，她们可以充分张扬自己的个性，可以拥有很多在现实世界无法得到的东西，因此她们会认为现实生活中的人际交往是一种可有可无的事情，从而不愿意与人交往，拒绝与人交往，拒绝融入社会。沉溺于网络世界，会大大减少人际交往的频率，她们迷恋人机对话的模式，对着电脑屏幕行文如水、滔滔不绝，丢掉键盘鼠标就变得沉默寡言，导致在现实生活中语言表达能力出现障碍，只有到了电脑前，手按着键盘，才能表达自己的想法，严重影响了正常的人际交往。

因此，女生们一定要认清网瘾的危害，学会自律，不要让生命在网上无聊地度过。

妈妈的4个妙招

妙招1　离开网络，躲开网友

(1) 尽量离开网络。无论在家里还是学校，都不要让电脑连网。增强自控力，不去网吧上网，强迫自己过没有网络的生活。

(2) 如果你对网络产生了依赖，就试着在假期到没有网络的地方去，多接触不同的人群，体验生活的艰辛。如支教，通过你的亲身体验，感受不一样的生活，从别人感激的眼神中，你会体会到一直抵制的现实世界也有很多有意义的事情值得你去做。这样，时间一长，你对现实的抵制情绪会慢慢消减，对网络的依赖就会逐渐减少。

(3) 青春期的女生要谨慎交友。躲开有网瘾的朋友或同学，与积极向上、乐观阳光、充满正能量的朋友或同学为伍，避免网瘾的魔力吸引，走一条“无悔”的青春路！

妙招 2　严守上网时间表

为了避免沉迷于网络，要学会控制上网时间，制定一个上网时间表，克制上网欲望。时间表的设定要呈递减状态，循序渐进，不要急于求成。设定后要严格遵照时间表，努力减少上网时间。还可以在电脑上设置一个关机小软件，设定好时间，到点强制关机。

妙招 3　转移兴趣

要善于寻找有价值的兴趣爱好，通过有价值的兴趣和爱好转移注意力，明白生活中还有比上网过瘾的有价值的事情可做。如果你从小喜欢唱歌跳舞，就坚持练习，把它作为专长对待；或参加校园演出，从别人的喝彩声中，你能体会到乐趣；如果你喜欢艺术设计，不妨动手做做，按照自己的喜好设计房间，你一定会从中找到成就感的；如果你乐于助人，就积极参加公益活动，通过与现实世界中的人接触，帮助他人，你能找到自身存在的价值，转移对网络的兴趣。

妙招 4　寻求帮助

如果你的自控力不足以抵制网瘾，就要寻求帮助。

(1) 在学校，向同学或老师寻求帮助，让他们监督你，帮助你克制不良的上网习惯，帮助你控制上网时间。不要过多地与网友聊天，不玩网络游戏。有时间多与老师同学交流，让学习充实自己。多与成绩好的同学交朋友，向她们看齐，与她们共同进步。

(2) 在家里，让父母帮助你制定上网计划，明确上网目的，并接受父母的监督。尽量减少上网时间，多与父母沟通，生活上有困难要及时向父母诉说，让他们帮助你排解，而不要一味地找网友倾诉。

(3) 向学校或父母单位寻求帮助，让相关部门帮助你设置防火墙，屏蔽不良网页和网络游戏。

9. 抑郁，心灵的牢笼

妈妈听到的故事

走不出的小黑屋

教室里灯光明亮，气氛热烈，这是开学第一周的班会，团支书决定围绕大家的暑期实践展开，为此大家都很兴奋。同学们彼此交流着暑期的经历，有的谈论在暑期实践中学到的经验，有的感叹生活的不易，有的描述第一次拿到工资时的激动心情……特别是有同学眉飞舞色地讲述自助旅游多有趣，见到的美景多么让人赏心悦目，当地的特色美食多么爽口。他们讲得绘声绘色，激动人心，自然勾起了大家的旅游欲望。大家谈论得不亦乐乎，时不时传来一阵阵欢声笑语。

然而，此刻有一位女孩只是静静地坐在教室的一角，一言不发，两眼始终直直地盯着课桌，脸色苍白，神情恍惚，显得与教室的气氛格格不入。她叫瑶瑶，原本是一位爱说爱笑、成绩优秀的女孩。但这时的瑶瑶内心被痛苦充塞着，失恋的阴影包围着她，整个班会期间，她不断地问自己：我到底做错了什么呢？

“瑶瑶，在想什么呢？”她感觉肩膀被人拍了一下，回过神来，室友小莉正冲着她笑。“走啦，不想回宿舍啊？”小莉说。瑶瑶一抬头，这才发现班会已经结束了，同学们正陆续离去。

这天晚上，瑶瑶又失眠了。躺在床上，辗转反侧，黑暗中仿佛都是男友的身影。过去的点点滴滴杂乱无章地在她的脑海里闪现：男友的分手信、他俩的第一次相遇、男友的狂热追求、同学羡慕的眼光、她对他发小姐脾气、第一次一起到影院看电影、男友“性格不合”的分手理由、他俩第一次吵架……想着想着，瑶瑶开始责怪自己：为什么不对他好点？为什么常常对他发脾气呢？为什么要拿他跟别人比呢？为什么要跟他吵架呢……迷迷糊糊中，瑶瑶好像看见男友，捧着一束鲜花从远处朝她走来，她心里充满喜悦，正准备迎上去，却发现男友好像没看到她一样，从她身边快步走过，越走越远，越走越远。瑶瑶伤心极了，想追上去，却感觉被什么东西束缚着，怎么也挣脱不了，急得满身是汗，朝男友大喊："别走！"

忽然好像听到室友小莉喊："瑶瑶！瑶瑶！怎么啦？"瑶瑶一觉醒来，才发现是做了一个梦，摸摸自己，真的出了一身汗。"瑶瑶，做噩梦了？"小莉关切地问，"没什么，小莉，"瑶瑶应道，眼泪流了出来。

瑶瑶开始变了，变得不爱说话，变得安静又孤僻，有时又很敏感，突然间脾气很大。有一次，小莉不小心把瑶瑶的座椅绊倒了，瑶瑶竟然非常生气，冲着小莉大骂了一顿；有天晚上，小莉与室友们正在寝室里拿她们的男友说笑，瑶瑶突然朝她们大吼一声："别吵了！"把同学们吓了一大跳。渐渐地，室友、同学都不敢随便接近她了。瑶瑶变得越来越憔悴、越来越孤独。吃饭时她选择一个人，上课时她一个人坐在角落，回寝室时她一个人躺在床上玩手机或者坐在窗前发呆，常常一坐就是半天。无论其他人怎么打闹，她都无动于衷，好像活在一个人的世界里。于是大家再也看不到从前那个爱说爱笑的瑶瑶了。小莉和其他室友只是以为她因为失恋心情不好，虽然劝慰过几次，但也没有在意。

瑶瑶常常整夜整夜的失眠，内心在痛苦中煎熬，生活被阴影包裹着。她不想去教室，因为老师讲的课她一句也听不进，也记不住，觉得自己很笨；她不肯参加集体活动，因为她觉得自己什么也做不了，什么忙也帮不上；她不喜欢与人交谈，因为她觉得别人看她的眼神满是轻视；她甚至不愿照镜子，总觉得自己长得很丑……她把心像是关在了一个牢笼里，关得越来越紧，不让一丝阳光照进来。曾经活泼可爱的她日渐消瘦，觉得生活学习了无乐趣，人生没有任何意义。

中秋节到了，在团支书的提议下，班里买了月饼、水果等，全班同学在操场边相聚，举行中秋赏月联谊会。小莉她们非常兴奋，吃过晚饭，精心打扮一番，就急急忙忙往操场赶，临出门，还特地嘱咐瑶瑶："一定要参加啊！"瑶瑶点了点头，答应了，她一个人在宿舍待了好一会，犹豫了一下，还是出了门慢慢朝操场走去。月光下远远地看见班上同学围坐在操场边，传来了一阵阵欢声笑语，瑶瑶的内心忽然涌起无比的悲凉——热闹是他们的，自己什么也没有。她转身逃回宿舍，关上门，也没开灯，把自己置身于黑暗中，默默地流泪，一阵伤心、一阵自责、一阵绝望。瑶瑶感觉自己就处在一个黑屋里，四周的黑暗都向自己压过来，越压越紧，不能呼吸。她挣扎着，朝阳台走去，看到明亮的月光洒向大地，忽然感到一种解脱，抬脚向阳台的栏杆跨过去……

妈妈的担忧

宝贝女儿：

看了这个故事，你是不是为瑶瑶深感惋惜呢？好好的一个女孩子，因为失恋而抑郁了，多让人惋惜啊。抑郁是一种常见的不良情绪，当你情绪低落时，如果不适当地调节，很有可能会导致抑郁。

妈妈担心你因为学习压力过大而抑郁。你从小争强好胜，从来不轻易服输。记得你五岁那年，学校组织跳绳比赛，你是班上的最后一名，后来的一个月，你每天早上起来自觉地练习，晚上睡觉前也要练习，还说："我要暗暗地努力"，接下来的一次比赛，你从最后一名跃为班上第一名。那时你还是个小孩，妈妈当时非常高兴，你的上进心那么强。所以，从小到大，你的学习没让妈妈操过心，这是妈妈的骄傲。但是，随着你年龄的增长，竞争越来越激烈，想在各科都争当第一是不可能的，妈妈希望你把心态放平和些。

妈妈担心你不善于倾诉而抑郁。妈妈很欣慰，你从小乖巧温顺，不惹是生非，不制造事端，在学校也是深得老师同学的喜欢，从来不忍心给父母增添一丝麻烦。但是，你在成长的过程中遇到烦心事时，一定不要怕给我们添麻烦而独自憋在心里不说啊，因为不愉快的事情憋在心里会憋坏的。

妈妈担心你因为情感受挫而抑郁。在情窦初开的年龄，对异性产生好感是正常的，但是你现在的主要任务是学习，妈妈不希望你谈恋爱，实在对别人有好感时，要把它藏在心底，化为学习的动力，因为你们现在各方面都不成熟，还没有谈恋爱的基础。万一谈了恋爱，受挫了，也不要自暴自弃，要明白天涯何处无芳草，现在离开了是好事，把注意力转移到学习上来，以后一定能遇到更合适的。

说了这些，希望我的宝贝遇到挫折时，不要独自承受，要多与亲朋好友交流，化解不良情绪。

爱你的妈妈

妈妈的9个妙招

妙招1　抑郁不可怕

抑郁是一种常见的不良情绪，它常常表现为心情烦闷、自我封闭、极端易怒、缺乏自信，严重者会导致抑郁症，甚至会走极端自杀。女生容易感染抑郁的因素主要来自三个方面：一是学习成绩不佳，又没有其它的特长，总觉得周围的眼光都是鄙视；二是认为自己容貌欠佳，没有追捧自己的男生，于是郁郁寡欢；三是求职路上屡屡受挫，失去了生活的勇气和信心。

人是需要精神依托的，抑郁就是因为学习的挫折和生活的不顺而失去自信，迷惘之后的一种自我迷失。抑郁的女生要试着发现自己具备别人没有的东西，比如勤劳、善解人意，成绩不好却有韧性，百折不挠，容貌一般却能自尊自爱。你身上总有一样你为之引以自豪的东西，这就是你的精神依靠。对于爱情，女生更要有自信，相信大千世界，红尘之中，一定会有一个默默等待你的男生，前提是你必须是一个优秀的女孩，才会遇上一个优秀的男生。对于同学们的一些活动，要主动参加，尽管某些活动你只是去充当一个微不足道的配角，你也要把这个配角充当好，在有限的空间展示你的个性和品质。融入群体，做好自己。

抑郁并不可怕，一旦发现自己有抑郁的苗头，一定要及时调整，防止抑郁。肯定自己，重拾自信，是防止抑郁的最佳方法。如果你的成绩不好，不要过于自责，多想想你的优点，找机会展示你的优点，从别人的赞扬中，你会慢慢重拾自信。悦纳自己，正确评价自己，肯定自身价值，把目标定得切合实际，增强成就感。当目标达成时，你就不会觉得自己一无是处而抑郁了。

妙招2 忙起来

抑郁的女生往往会觉得生活失去了方向，整天无所适从，因而要制定切实可行的计划，让自己忙起来，充实起来。制定的计划除了学习计划外，还应该包括生活方面的计划，如参加课外活动或公益劳动等，尽量把每天的时间排满，不让自己有闲暇胡思乱想。

妙招3 动起来

俗话说："生命在于运动"，运动不仅可以增强人体的抵抗力，还可以消除抑郁情绪。如果你心情郁闷，干什么事情都无精打采，那么，坚持锻炼，充分调动你的身体潜能，活化身体细胞，放松身体。身体放松了，内心也会慢慢放松下来，情绪自然会得到缓解。运动有助于克服抑郁，运动之后可以给人一种轻松和愉悦的感觉，精力充沛，就不会无精打采了。

妙招4 跳起来

聆听音乐，跳跳舞，能有效地防止抑郁。在抑郁时，不妨听听快节奏的音乐，和着音乐翩翩起舞，让身体跳跃起来，能释放压力，减轻疲劳，放松心情，调节不良情绪。

妙招5 走起来

抑郁的人会把自己关在家里，逃避与人接触。要想改变这种现象就必须强迫自己走出去，与人交往，参加社会活动或外出旅游，多交朋友。多到户外走走，呼吸新鲜空气；参加社会实践，走出校园；与闺蜜一起去逛逛街，转移注意力。

如果你是因为失恋而抑郁，那么，多与其他同学交往，不要仅仅沉浸在对过去的美好的回忆中，随着时间的推移，你会走出阴影。

妙招6 吃出快乐

当你抑郁时，多吃一些能治疗抑郁的食物，而不要吃会导致抑郁的食物。多吃以下食物，能调动你的情绪，让你快乐起来。

（1）巧克力。有镇静的作用，它的味道和口感能刺激大脑的快乐中枢，使人变得快乐。

（2）大蒜。大蒜虽然会带来不好的气味，却会带来好心情。德国一项针对大蒜对胆固醇的功效的研究，从病人回答的问卷中发现，他们吃了大蒜制剂之后，会减少疲倦、焦虑，且不容易发怒。

（3）菠菜。菠菜是富含叶酸的蔬菜，缺乏叶酸的人，脑中的血清素会减少，出现无法入睡、健忘、焦虑等症状，导致抑郁症。菠菜还含有丰富的维生素A、B、C，它们可以帮助你从焦躁不安的状态中走出，赶走紧张情绪，改善忧郁的心情。

（4）鸡肉。鸡肉中富含硒，硒对人的精神调节起着积极作用，吃下鸡肉后会让你精神百倍，神清气爽，摆脱抑郁。

（5）香蕉。香蕉含有一种被称为生物碱的物质，生物碱可以振奋精神，提高信心，而且香蕉是色胺素和维生素 B_6 的超级来源，这些都可以帮助大脑制造血清素，调节情绪。

（6）低脂牛奶。低脂或脱脂牛奶中富含钙，钙能帮助你克服紧张、暴躁或焦虑的情绪。

（7）全麦面包。全麦面包是一种复合性的碳水化合物，可以帮助增加血清，而且全麦面包富含微量矿物质硒，能振奋情绪。

（8）樱桃。樱桃中含有一种叫花青素的物质，能让你放松心情。

（9）南瓜。南瓜之所以和好心情有关，是因为它们富含维生素 B_6 和铁，这两种营养素都能帮助身体里储存的血糖转变成葡萄糖，葡萄糖正是脑部不可缺少的营养素。

（10）鸡蛋。鸡蛋中富含卵磷脂、甘油三脂、胆固醇、卵黄素、维生素 B_2 等，如果人体内缺乏维生素 B_2，人就会感到情绪抑郁，浑身乏力，无精打采。每天坚持吃一两个鸡蛋，能帮助你调节情绪、振奋精神。

（11）鱼。鱼中有一种特殊的脂肪酸，与人体大脑中的“开心激素”有关。所以人在情绪低落时，有意识地多吃一些鱼，心情会渐渐好起来。

妙招 7　读出快乐

当你抑郁时，首先读一些轻松、快乐的书籍，多看笑话书，让自己开怀大笑，能帮助你很好地调节情绪。然后，静下心来，读一些心理学、哲学方面的书籍，从书中汲取营养，陶冶情操，升华思想。从别人的经验中，也许能找到解决问题的方法，让你豁然开朗。

妙招 8　说出快乐

要学会倾诉，把自己心灵深处的苦恼跟朋友、亲人说出来，他们会帮你排解，与你分担，这时，你会发现“柳暗花明又一村”。与朋友一起做感兴趣的事情，放松心情，与朋友互相交流情感，分享快乐。当你心情抑郁的时候，如果憋在心里，钻牛角尖，只会徒增苦恼，让你更加郁闷，不能解决任何问题。英国哲学家培根说：“如果你把快乐告诉一个朋友，你将得到两个快乐；而如果你把忧愁向一个朋友倾诉，你将被分掉一半忧愁。”善于与人交往，可以转移注意力，感染别人的快乐情绪，有助于挣脱心灵的樊篱。

妙招 9　知足常乐

对一切不要抱过高的期望，对人对事不苛求。这个世界上没有人有义务必须对你好，要常怀感恩之心，体会别人的不易，以平和的心态看待周围的人和物，把别人对你的好当做馈赠，别人对你不好视为理所当然。人生不如意之事十有八九，对生活中出现的各种问题不退缩、不逃避。女生如果被抑郁“青睐”，整天郁郁寡欢、情绪低落，绝不会有好的状态投入到学习，只会导致效率低下，成绩下降。时间一长，就会失去自信，破罐子破摔，不求进取，消极自闭。如果不及时调整，消极情绪逐渐蔓延到生活的方方面面，就会给你的人生造成极大的影响，导致自我的全盘否定，阻碍成功。

树立乐观的人生态度，学会幽默地面对生活，微笑地迎接困难。不要总盯着事物的消极面，遇到问题想办法排解，不要一味自怨自艾，引咎自责。

10. 问题家庭，逆境成长

妈妈听到的故事

不幸女孩的哈佛传奇

莉斯，一个不幸的女孩，父母吸毒。16 岁时，母亲死于艾滋病。莉斯静静地趴在母亲的棺木上，冷清的墓园、父亲空洞的眼神让她不寒而栗，仿佛只有母亲的棺木还有些温暖。莉斯静静地在心里对母亲诉说着这十几年的点点滴滴：5 岁开始，就和母亲在街上捡破烂，微薄的收入都被父亲拿去买了毒品；8 岁时帮人搬运蔬菜，换取食品，没有一件像样的衣服，没有吃过一顿饱饭；住过收容所，也睡过地铁站，从来没有一个象样的家，青少年的岁月多半是在慌乱的流浪中度过的。偶尔，她还要扮演大人的角色，回去照顾她的爸妈和姊姊，多少次，她流泪坐在妈妈的病床前面。她身边的人，多半是遭遇不幸的人。最开心的时光是福利署的人带自己去上学，放学后能守候在母亲的病床前，给母亲讲学校的趣事和学到的新知识。而世间最爱她的人却离她而去了。她的父亲，身心被毒品摧残，清醒的时间屈指可数。

莉斯最后一次亲吻了母亲的墓碑，她认真思索着：如果生命开始时不能选择，那么今后的路该怎么走？自己只有八年级的水平，如何生存呢？要像街上的流浪汉一样，去偷去抢，令人厌恶吗？不，这不该是自己的人生，她不能像母亲那样悲惨地结束生命。就在那一刻，莉斯明白了，她必须作出选择，要么寻找各种借口向生活低头，要么迫使自己创造更好的生活。莉斯选择了后者。

要想开创更好的生活，就必须重新拾起荒废了的学业。十六岁了，本该上高中的，可她连一天初中都没上过。贫穷和负面的童年经验，并没有让她变坏或者失去希望，隐约之中，她知道，在她生长的环境之外，其它人所过的，是很不一样的生活。而她明白，只有想办法脱离现在的环境，才有可能到那个新的世界去。母亲死后的几个月，在没有经济来源、没有精神鼓励的情况下，她自己一个人，用真诚最终争取到了进入中学的机会。开始念书之后，她还是没有地方睡，还要在肮脏的洗碗槽前面，一面工作赚微薄的薪水，一面念微积分、几何学，她以非凡的毅力刻苦学习，两年的时光，她掌握了高中四年的课程，每门学科的成绩都在A以上。作为奖励，她以全学校第一的成绩和其他九名同学获得了免费到哈佛大学参观的机会。

金秋的哈佛，分外迷人，以前电视、报纸上闪烁的哈佛校友好像星星一样遥不可及，而现在自己就在培养他们的圣殿里，莉斯简直不敢相信这是真的。她仰望着这座学府，环顾着走在哈佛校园里的男男女女，不禁问自己，“这些人的动作举止，为什么这么不一样？是不是因为，他们来的世界就是这么不一样？若是这样，那我要更努力、更努力，把我自己推到那个世界去。”从此，她就狠狠地发誓，要成为哈佛的一员。

回来后她更加努力了，为了实现梦想，她的时间排得更加紧凑，白天在学校上课，晚上去夜校学习法语，同时还要参加课外的科技活动。为了念哈佛，她必须申请奖学金，她找遍了所有的奖学金信息，她发现纽约时报提供的全额奖学金，足够让她去念昂贵的哈佛。面试那天，她连一件象样的衣服都没有，穿着一件破烂衣服，罩上一件向妹妹借来的大衣勉强充场面。最终，她赢得了那笔奖学金，进入了哈佛。凭着对信念的执着追求，她用坚持不懈的毅力实现了梦想。

莉斯的励志经历感动了很多人，大家在为她赞叹的同时，也对她的不幸表达了深深的同情。对于那段苦难的人生，莉斯却有另一种理解，她说：“我觉得我自己很幸运，因为对我来说从来就没有任何安全感，于是我只能被迫向前走，我必须这样做。世上没有回头路，当我意识到这点我就想，那么好吧，我要尽我的所能努力奋斗，看看究竟会怎样。我为什么要觉得可怜，这就是我的生活。我甚至要感谢它，它让我在任何情况下都必须往前走。我没有退路，我只能不停地努力向前走。我为什么不能做到？没有人可以和生活讨价还价，所以只要活着，就一定要努力。”

妈妈的担忧

宝贝女儿：

今天是你的生日，妈妈特意给你讲哈佛女孩莉斯的传奇故事，希望你能有所启发，重新振作。自从亲爱的爸爸去世后，你就仿佛换了个人。你的爸爸离开我们已经六年了，我们无时无刻不想念他。很多次，看到你拿着爸爸的相片哭泣时，我心里也很难过，迄今为止，你似乎并未走出失去爸爸的阴影。爸爸在天堂肯定不希望他深爱的女儿变成这样的。

妈妈担心你因为家庭问题而变得越来越孤僻，越来越自卑。六年前的你活泼开朗，就像冉冉升起的朝阳般耀眼。舞台上总活跃着你的身影；小伙伴中，你的声音最大；课堂上，你总把手举得高高的……自从爸爸遭遇车祸后，你就不再去跳舞了，也辞去了班长职务，老师说你课堂上沉默多了，我发现你身边的朋友也越来越少了。

妈妈担心你会因为家庭问题而感到痛苦，变得抑郁。爸爸是你的精神支柱，当你有烦心事时，第一个想到的就是向他倾诉。现在的你，每次不开心，总会把自己锁到房间，一呆就是一整天。偶尔同学来叫你玩，你总是推三阻四，慢慢地，他们也没来邀请你了。

妈妈担心你会产生强烈的挫折感，而破罐子破摔。这几年来，你在生活上越来越散漫，房间乱糟糟的，以前你可是整理得非常整齐；学习上你也越来越不努力了，偶尔考试不及格，你会满不在乎。以前要是考了99分，你还会哭鼻子呢。

妈妈担心你会产生逆反心理。以前你可是个懂事听话的好孩子，现在的你，动不动就反驳妈妈，反驳老师。妈妈说让你少上网，你就拼命上网，甚至整天玩游戏；妈妈说让你好好学习，你却偷偷旷课……以前的你那么积极，现在却这么消极；以前的你那么热爱学习，现在考试不及格也习以为常；以前的你总是待人彬彬有礼，现在的你拒人于千里之外；以前的你总是爱说爱笑，现在的你一坐一整天连一句话都不说。

希望妈妈的担心都是多余的，希望我的宝贝能尽快从家庭的不幸中走出来。

爱你的妈妈

妈妈的 6 个妙招

妙招 1　正视现实，逆境成才

现实中，不少女孩生长在问题家庭中，有的不幸失去爸爸和妈妈；有的父母早早地离异，自己生活在爸爸或妈妈重新组合的家庭之中，使自己必须适应一个与自己没有血缘关系的后爸或后妈；有的因飞来横祸，使自己的家庭一下子陷入贫困的境地；有的因为父亲或母亲违反法律而身陷牢狱……显然，这些女孩所要面临的人生困难比一般女孩要大好多倍。

问题家庭造成了女孩的不幸，但不幸的家庭往往会走出不凡的女性。许多卓有建树的女性成功者证明了这一点。因为她们只是把家庭当作一个生命的起点，在这个起点上她学会了忍耐，学会了磨砺，学会了吃苦耐劳，学会了操持家务，学会了感恩……这是那些幸福家庭的孩子短时间内难以学会的东西，这无疑是一笔可贵的财富。尽管从世俗的意义上讲，她们比那些完美家庭的女孩距离幸福的彼岸要遥远一百倍，但她们已然练就了一双飞翔的翅膀，一旦把握好机遇，她们飞翔的本领要比那些幸运的孩子们高出一千倍。这就是生活中我们总是感叹草窝里飞出了金凤凰，而金窝里的鸟儿总是飞不过她们的原因。

出生是自己无法选择的。有志气的女孩，应该利用逆境，磨砺自己，锻造自己，提升自己，发愤努力，超越家庭。凭你的知识和本领，来彻底拯救你的家庭。

妙招 2　自立自强

在问题家庭里，你得不到与同龄孩子一样的呵护，你必须过早地独立面对生活中的风风雨雨，因此，你必须学会自立。

(1) 生活上，学会自己的事情自己做，学会勤俭持家。在没有人帮你出主意时，你要学会自己拿主意，实现精神独立，不依赖别人。

(2) 学习上，要探索适合自己的学习方法，提高学习效率。当你一门心思用于学习，你的学习成绩飞速提升时，内心就会强大起来，知识和真理会让你看到生命的火光。

只有这样，你才不至于在问题家庭的重压下抬不起头来。把逆境当做人生的磨砺，勇往直前，自立自强。自立是女生的立身之本，对问题家庭的女生来说尤为重要，因为你没有好的家庭可以依赖，必须靠自己。只有自立，才有可能自强，只有自强了，你才有能力拯救家庭，改变命运。

妙招 3　树立榜样

分析自己属于哪一种类型的问题家庭，在身边找一个从这种类型的家庭走出的成功榜样，最好是女性的榜样，以她为目标激励自己，奋发图强，不断告诫自己，尽管家庭不幸，但我要像她一样成功。

妙招 4　积极沟通

(1) 与父母沟通。你是家庭的一员，是维系父母关系的纽带，如果父母关系紧张，你要努力与他们沟通，利用他们对你的爱去化解他们之间的矛盾，引导家庭向好的方向发展。

(2) 与亲朋沟通。如果你在问题家庭里感受不到温暖，千万不要自闭，要与关心你的亲朋好友沟通，把你的喜或忧向他们诉说，获得他们的理解。

(3) 与老师同学沟通。班级是你的又一个家，在这个大家庭里老师如家长，同学如兄弟姐妹。你可以与他们畅谈理想，也可以倾诉不幸，从这个大家庭里获得温暖。

妙招 5　合理回避

如果你的家庭出现问题，对你的学习和生活造成了严重的干扰，那么，合理回避，住校或去亲戚家，等父母冷静下来了、和解了再回家。

女生的首要任务是好好学习，这也是问题家庭的女生自我拯救的唯一方式。知识改变命运，只有学业成功了，才能就业成功，乃至事业成功。只有这样，才能避免家庭的不幸在你的身上延续。

妙招 6　寻求帮助

(1) 如果因为家庭问题导致你无法继续学业，则要想办法解决经济问题。如向亲朋好友或老师寻求帮助，申请助学金等。相信困难是暂时的，你现在能做的事情就是想办法完成学业，为将来的就业打下牢固的基础。

(2) 向社会求助。如果你的问题得不到亲朋好友的帮助，可以向妇联或新闻媒体求助，相信动用社会力量，一定能帮助你解决问题。

第三章 交往安全 给智慧的你

《礼记》有云："独学而无友，则孤陋而寡闻。"

对于女生而言，学好专业知识固然重要，但是良好的人际交往能力同样不可或缺。处在妙龄时期的女孩，往往出于求学求职的需要，必须要走向社会，走向充满挑战也充满诱惑的现实世界。出于自身安全的需要，在交往过程中，她必须要学会心有设防，交有底线。切不可因为迷雾涂上了虹彩就惑乱了心境，切不可因为假象贴上了真诚的标签就迷朦了双眼。对女孩来说，交往是门艺术，学好这门艺术，会让你的生命大放异彩。

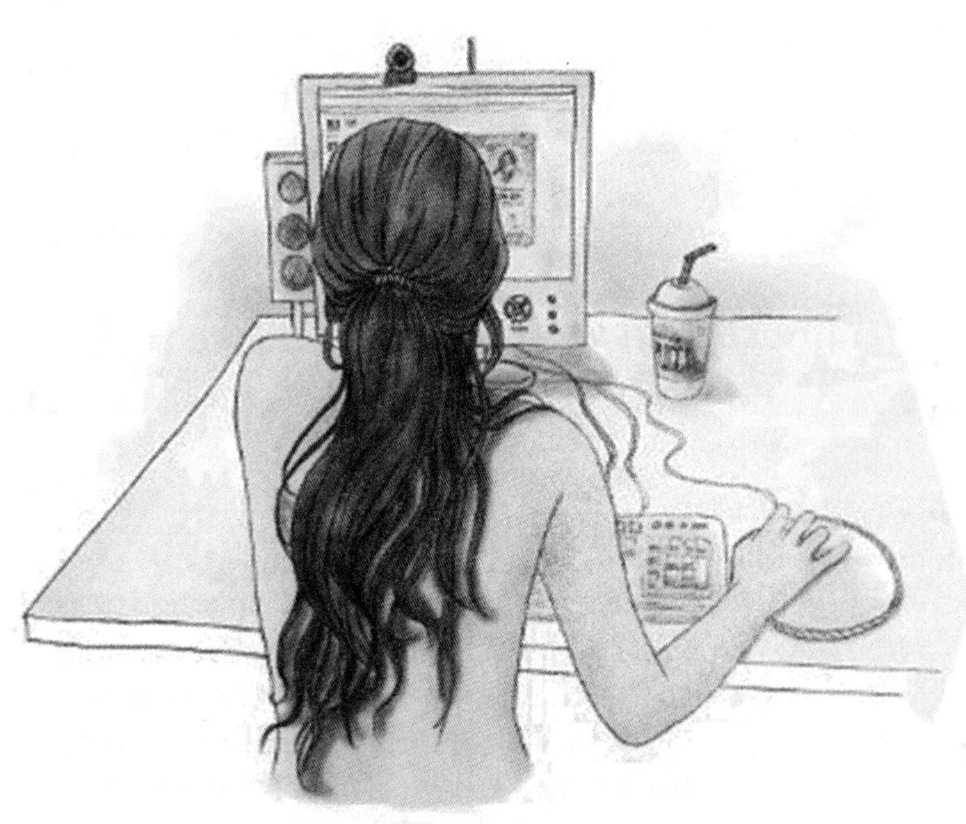

1、网络交友，高度警惕

妈妈听到的故事

网友的"真面目"

阿萍今年18岁，她憨厚老实，不善于表达，也没什么知心朋友，喜欢独来独往。第一次远离家乡上大学，阿萍倍感孤独，课余时间无所事事，便开始上网，通过网聊打发时间。一天，阿萍在网上认识了一个叫"妞妞"的女网友，妞妞自称18岁，海口人。两人在网上聊得很开心，很快以姐妹相称。妞妞告诉阿萍过几天是自己的生日，邀请阿萍到海口玩，并承诺承担阿萍的交通及食宿费用。

阿萍喜出望外，带了几十块钱就出发了。到达海口后，阿萍被邀请去当地的一个烧烤园参加妞妞的生日PARTY。结束后，妞妞把阿萍带到一家发廊住下，这时阿萍才知道妞妞是发廊的按摩小姐。开始两天，妞妞对阿萍很热情，发廊老板娘对她也很好。可到了第三天，老板娘的态度突然大变，对阿萍说："你不在这里上班就不要住在这里！"阿萍随即提出要回家，让妞妞帮她买车票。没想到妞妞竟翻脸不认人："我没钱，你自己想办法。"就在阿萍束手无策的时候，妞妞把一个绰号叫"阿飞"的男孩介绍给了阿萍。妞妞说，阿飞是当老大的，路子多，可以帮她。阿飞见到阿萍后，说："你没地方住，大哥帮你。"阿萍以为遇上了好人，就跟着阿飞来到宾馆，当晚，在阿飞花言巧语的蛊惑下，阿萍与阿飞睡在了一张床上……

后来阿飞就不断地给她灌输做"小姐"来钱快的思想。有一天，阿飞的手下阿露把阿萍带到一个朋友的住所，说阿飞一会儿来接她。他们在闲聊时，发现房间里有一个装得鼓鼓的背包。阿露忍不住打开包，发现里面有一条金项链，他顿时心生歹念，当他把金项链拿在手上时，楼道响起了急匆匆的脚步声。阿露急忙地把金项链塞到阿萍手中说："快把金项链丢到卫生间马桶里。"阿露的朋友一进房间就翻看包里的项链，随即问谁拿走了他的项链。阿露说他把项链给了阿萍，而阿萍把项链丢进马桶了。

阿露的朋友立即打电话叫来一帮人，要阿露赔 5000 元，阿萍赔 10000 元。阿萍说她没有那么多钱，阿露的朋友说，没钱就拿命偿，这时闻讯赶来的阿飞帮她还清了赔款。

随后，阿飞将阿萍带回宾馆，逼阿萍写下家庭住址、父母姓名及联系电话，并强迫她拍裸照，并威胁说如果不还钱就杀她的家人，把她的裸照传到网上。

此后，阿萍开始了噩梦般的生活。在阿飞的软硬兼施下，她被迫在宾馆酒店卖淫，赚得的钱全部交给阿飞。学校的老师和同学发现这么长时间都联系不上阿萍，家人也不知她的去向，于是拨打了 110。不久，海口警方成功抓获了阿飞犯罪团伙，阿萍被解救了。

妈妈的担忧

亲爱的女儿：

妈妈讲这个故事是因为担心你网上交友不慎。最近看见你经常上网聊天，妈妈知道你学习压力很大，需要宣泄，适当地上网放松一下是可以的。但妈妈担心你QQ聊天的时间过长，影响学习，而且你心地善良，思想单纯，防范意识不强，妈妈怕你受到伤害。

妈妈担心你被骗钱。网络那端的人身份不确定，良莠不齐，尤其有不少骗子混杂其间。在虚拟世界中，有人将真实身份隐藏起来，针对涉世未深的女孩的特殊心理诉求，精心设计圈套，利用女孩的善良对她们进行欺诈，骗取钱财。当网友向你借钱时，你一定要谨慎。哪怕是你比较熟悉的网友向你借钱时，你也要睁大眼睛辨别清楚。

妈妈担心你被骗色，受到伤害。学生都是满怀激情与梦想的，总是相信好人多，所以防范意识不强，三言两语就放松了警惕。妈妈看新闻上报道有女孩见网友，明明察觉到了不祥征兆，却因缺乏警惕，势单力薄，无法进行自我保护而受伤害。

妈妈担心你被网友欺骗感情。很多年轻人喜欢上网聊天，因为他们觉得虚拟世界没有现实世界那么多的约束，可以释放紧张的学习压力，想说什么就说什么。网上聊天增添了一层神秘的面纱，浪漫情怀的花季少女很容易沉迷其中。即使及时发现受骗，被人抛弃也是很痛苦的。妈妈怕女儿经不起失恋的打击，所以不要轻易网恋。

妈妈还担心有不法分子通过各种途径窃取你的个人隐私，进行敲诈勒索……网上交友不仅使女孩们在钱财上有所损失，更对女孩的身心造成严重的伤害。所以，妈妈不得不再三叮嘱你：网络交友，一定要谨慎！

祝我的女儿永远幸福平安！

爱你的妈妈

妈妈的5个妙招

妙招1　筑起心理“防火墙”

网友层次参差不齐，有追求、忙于事业学业的人多数没有时间上网，大部分成天挂在网上聊天的人都是空虚寂寞、不求上进的人，与他们聊天只会浪费时间、浪费精力，不会有任何收获。而且，网友中有不少骗子掺杂其中，有的会骗你钱财；有的好色之徒会骗你见面，对你动手动脚，甚至进行性侵犯。

所以，对网友要保持高度警觉，谨言慎行。闲暇时多看一些网络欺诈方面的事例，借鉴别人的经历，提醒自己，避免类似的事情在自己身上重演。

妙招2　谈钱就“拉黑”

不熟悉的网友提到借钱就要将他拉进黑名单，切勿和网友发生借贷关系。哪怕是比较熟悉、知道其真实身份的网友，也不能借。有一句话说：“如果你要和一个人绝交，就开口向他借钱。”借钱总是带有一定目的性的，如果与网友没有发展成真正的挚友、恋人关系，就不要与他发生金钱关系。一旦网友提借钱，就要把他“拉黑”对他说“拜拜”。

妙招 3　不知底不相见

如果不了解网友的基本情况，绝对不能与之见面，防止对方心怀不轨，对你骗钱骗色。也绝对不能把你的个人信息透露给别人，防止对方掌握了你的个人信息，用以控制你，甚至利用你的个人信息进行不法活动。

如果对某个网友产生好感想要见面，一定要查清对方各方面的信息，了解对方是否品行端正，是否值得交往。如果掌握了对方的信息，即使他做了坏事，也“跑得了和尚跑不了庙”。可以这样打探对方：

(1) 询问对方的姓名、年龄、职业、籍贯、工作单位、家庭住址、联系方式等个人基本资料，再询问他的几个好友联系方式。

(2) 在网友不知情的情况下，用多人身份与其交流以确定信息是否真实。

(3) 与他的 QQ 好友或其他好友联系，从他们的言行中观察他的人品。

(4) 打电话到其工作单位或家里核实，了解其真实情况是否与所说的相符。

如果对方不告知他的真实信息，说明他不够阳光或心怀鬼胎。对于这样的人，绝对不能见面。在没查清对方真实身份时，绝不能透露个人真实信息。在网上聊天时可以使用虚拟的 E-mail，或 ICQ、OICQ、MSN 等方式，避免使用真实姓名，不告诉对方自己的电话号码、住址等个人真实信息。

妙招 4　安全赴约

对网友侦察清楚、知根知底以后，确实要与网友见面时，应选择合适的时间、地点，带好“保镖”。

(1) 首次见面绝不能“单刀赴会”，要带好“保镖”，“保镖”必须是值得信任的同学或朋友，关键时刻能挺身而出，最好两人或以上。

(2) 为防止一些不法分子事先埋伏，设下陷阱，与网友约会的时间和地点必须自己选择，事先不告知对方。可以选择在白天人多的时间，否则一旦发生危险，将得不到他人的帮助；控制首次约会的时间，尽早回家；不要去偏僻、隐蔽的场所，应选择人多的地方，如自己熟悉的地段或闹市区的咖啡厅、酒楼、茶馆等公共场所；选择有监控探头的地方，如果对方欲行不轨，告知“有探头”，他就会收敛。

(3) 做好防范准备。事先在手机里保存好紧急求救信息，择机在最佳时间发出。

妙招 5 守身如玉

当双方见面相互知根知底以后，即使确定了恋爱关系，定下终身，也要守住底线，不要委身于人。如果对方试探你，想让你就范，一定要拒绝，“不领证就免谈”，即使婚期将近，也要把持住，因为只有守身如玉，对方才会珍惜你，才会在今后的携手一生中都尊重你。

很多时候女孩不是把持不住，而是害怕失去爱情。当男孩说“你不愿是因为不爱我”，应该回答：“正因为爱你，才把最珍贵的留给你，我要把最珍贵的保留到我们结婚的时候。”如果他还不同意，就不是真心爱你。爱的最高层面是灵魂而不是肉体，如果他坚持不让步，就分手。真正爱你的人是不会因此放弃你的，如果不是心灵相吸，真心相爱，只是为了满足一时欲望，迟早还是要分手的。

对没有确定恋爱关系的网友更要珍惜自己的情感，克制自己，理性交往，只有这样，才有可能收获真正的友谊和爱情。

2. 宽容，处世良方

妈妈听到的故事

宽容的天空

同住一条街的小亮、小薇两家邻里关系一直很好，可由于计划生育，原本两个“友好睦邻”的家庭反目成仇。小薇是个聪明伶俐的女孩，但是其父由于传宗接代思想，总想再生个男孩。正好小亮爸爸在计生办工作，小薇爸就去找小亮爸想开个后门，让他们再生一胎。哪知小亮爸听后连连摆手说道：“这可不行啊，国家计划生育政策明令一家只准生一个，你要再生一个是违法的呀！你可不要往枪口上撞！”小薇爸不听劝阻，不久后小薇妈就怀孕了。为躲避查处，小薇妈深居简出。可天下没有不透风的墙，小薇妈还是被发现了。小亮爸和计生办工作人员找上门来，把家里翻得一团乱，并强行把小薇妈拉去打胎、结扎。小薇一家愁云惨淡，小薇爸要冲到小亮家打人，被家人拦了下来，他破口大骂，并说与他不共戴天。此后两家互不往来，见了面也怒目相向，指桑骂槐。

几年过后，小薇、小亮都考上了大学，无巧不成书，他俩还考到了同一所大学。由于两家有宿怨，两人并不怎么来往。一天，小亮和同学骑车出去玩时，被一辆经过路口的翻斗车撞倒，小亮右足几乎被车轮完全轧过。

同学将小亮送到了医院。医生检查后说，情况危急，需要输血。同学们纷纷争着要献血，可是医生摇摇头，说：“小亮是罕见的熊猫血，血库没有这种血”。这时，大家才知道小亮的血型竟是RH阴性O型血，就是俗称的“熊猫血”，这种血型特别稀少。“从医十几年，我一年也就能遇到一两个这样血型的病人。”小亮的主治医生说。

当时，小亮爸的脑子就蒙了，一片空白。家里几乎所有的亲戚都来到医院，纷纷验血并做好输血准备，却没有一个是 RH 阴性 O 型血。

同学们了解情况后，四处奔走找朋友、老师帮忙，医院也通过各种方式寻找血源。学校知道此事后，立刻发动同学们献血，还在报纸、网站上做宣传。

不久，医院急救中心过道上坐满了等待化验献血的人们。短短一个多小时，60 多人接受了验血，但每一次验血结束，出来的人脸上都挂着失望。“熊猫血”如此稀缺，60 多人竟没有一个符合 RH 阴性 O 型血。

小薇也加入了验血的行列。“听到学校广播我就来了，想出一份力。”赶来献血的小薇说。小薇也不知道自己的血型，参加了验血后就等待结果了。验血结果出来，偏巧小薇也是熊猫血，与小亮的相匹配，但因为伤势严重加上拖得太久，需血量很大，恐怕小薇的血不够，强行输血，小薇也会有一定危险。小薇为此事思考良久，虽然考虑到两家积有宿怨，但一想到人命关天，挽回一条生命才是最重要的，终于下定决心给小亮献血。小薇将自己的决定告诉爸妈，但小薇的爸妈对过去多年的旧事仍然耿耿于怀，不同意输血给小亮。“邻里街坊，抬头不见低头见，而且超生本来就是违反国家计划生育政策的……冤家宜解不宜结，冤冤相报何时了，我不想让这种仇恨传递到下一代人身上。”经过小薇的不断劝说，爸妈最后同意了。

小亮终于输上了一袋“救命血”。躺在病床上的小亮意识清醒，他的眼中闪出希望的光芒，挤满病房的家属和医护人员也长舒了一口气。

小薇站在病床前默默注视了小亮一会儿，便悄悄退出了病房，在大家感激的眼神中离开了医院。“同学在困难时帮一把，这是我应该做的。”小薇说。

经过及时抢救，小亮脱离了生命危险。小亮的爸妈不住地感谢小薇，说过去那事对不住小薇全家，并买了很多礼物登门表示感激。小薇爸妈也不好意思地说：“过去的都别再提了，也是我小心眼，一直记仇。”两家人的脸上都露出了久违的笑容。

经过这件事之后，小薇、小亮两家人终于冰释前嫌，和好如初。

妈妈的担忧

亲爱的女儿：

你上次和好朋友闹矛盾，好久都没说话，妈妈担心你不懂得宽容，妈妈想通过这个故事告诉你：如果做到了宽容，你的生活会变得更加美好。

女儿，妈妈担心你心胸狭隘，斤斤计较，与同学或室友不能友好相处。有的室友总是不按时值日，有的室友经常用你的生活用品，还有些经常在你休息的时候聊天……这些可能都会让你感觉不爽，但是，妈妈希望你不要为这些琐事耿耿于怀。

妈妈担心你只看别人缺点而不看优点。"金无足赤，人无完人"，每个人都有所长，有所短。同学们由于家庭背景不同生活习惯也会不同，有的同学学习不好，有的室友卫生习惯不好，不要因为看不惯别人而指责她。要宽容相待，只有和同学们友好相处了，才能愉快地生活。

妈妈还担心你不包容同学。在生活中我们难免与人发生摩擦，有些小摩擦不断累积，最后会引发大矛盾。其实这些矛盾并不可怕，可怕的是年轻气盛的你不是去化解它，而是让它不断升级，使事情发展到不可收拾的地步。最后伤害了别人，也伤害了自己。

妈妈还担心你得理不饶人。与同学发生矛盾时，即使是对方的错，你也应该宽容处之。只有宽容地对待他人，体谅他人，才可能享有放松、自在的人生，才能生活在欢乐与友爱之中。

孩子，妈妈想到了那句古语："海纳百川有容乃大，壁立千仞无欲则刚。"这是一句很值得品味和珍藏的话，它提醒着妈妈，希望也能时刻警醒着你。

宝贝，不早了，你好好睡吧。祝你幸福！好梦！

爱你的妈妈

妈妈的 8 个小贴士

贴士 1　吃亏是福

在任何领域，人与人相处的技巧就在于要让对方欠你的，别看别人欠你的是你吃亏了，可这个时候吃亏就是福。如果反过来，你和别人交往都是你欠别人的，你的路会越走越窄，最后会成为孤家寡人，成为一个令人生厌、遭人唾弃的人。让人家欠你的，并不是说要借钱给别人，更多时候是指在别人做错事情时懂得原谅他、宽容他。

不宽容看似自己占了上风，但不宽容只会使人际关系出现僵局，别人受伤害，自己也会不痛快。得理不饶人，是处不好与同学的关系的；宽容别人，会得到别人的认可，可以减轻心理负担，这其实是一种福气。

贴士 2　以宽容自己之心来宽容别人

宽容就要换位思考，与人为善，要设身处地为他人着想，想人之想，理解至上。可以把对方想象成自己，以宽容自己之心来宽容别人。如果我们时时处处都能够站在别人的角度思考问题，体谅他人的难处，我们就能够融洽、友善地与人相处，赢得真挚的友谊。

就像“给”永远比“拿”快乐一样，宽容永远比记恨快乐。宽容处事，阳光将洒满自己的心房。人无完人，别人有错得不到你的谅解，当你犯错时，又如何能得到别人的宽容？其实，多一点对别人的宽容，我们生命中就多了一点空间，就会得到别人的关爱和扶持，才不会有寂寞和孤独。

贴士 3　与人相处，求同存异

对于别人的不同做法、想法，要站在他人的立场上考虑，通过沟通交流来达成一致。如果沟通了意见还不能统一，可以存异，不勉强他人，尊重差异的存在。从心理学角度来说，任何想法都有其由来，任何动机都有一定的诱因。任何人都有自己对人生的看法和体会，我们要善于欣赏他人，理解他人。

贴士 4　退一步海阔天空，冤家宜解不宜结

宽容能化解一切纠纷。冤家宜解不宜结。心结这种东西是越结越深的。双方出现了分歧，如果再花费更多的时间和精力，你犯我一尺，我还你一丈，最后只会落得两败俱伤。还不如各退一步，调和矛盾，皆大欢喜。

心胸放宽阔，不要太在乎一些没必要在乎的事情。不要记恨一件事太久，要用一颗宽容的心去对待这些事。别人的玩笑话不要太放在心上，如果真的忍受不了就说出来，告诉那个人你的底线。

贴士 5　宽容带来更多朋友，多个朋友多条路

宽容他人，就有可能赢得他人的信任，你就可能多了一个真心关怀你，能够帮助你的挚友。不宽容他人，则有可能多了个前进路上陷害你的敌人。为一些非原则问题，不肯宽容别人，只会断了相互的朋友缘分，也就断了自己遇到困难时的后路。学会宽容，多一个朋友多一双手，从长远上有利于个人身心、事业的发展。

宽容的人更能获得大家的认可与赞同，快乐的人朋友多，宽容的人也一样，宽容能给自己广阔的天地，接纳更多的朋友。

贴士 6　宽容不是软弱

宽容是一种宽阔的胸襟、一种大气，甚至是一种高贵，绝不是软弱。当然重大原则性问题除外。宽容要以退为进、积极防御。宽容所体现出来的退让是有目的有计划的，主动权掌握在自己手中。无奈和迫不得已不能算宽容。宽容的最高境界是对众生的怜悯。宽厚待人，容纳非议，乃事业成功、家庭幸福美满之道。

贴士 7　宽容不是纵容

宽容的前提是没有原则上的大错误，如果是不可饶恕的原则问题，绝对不能宽容。比如盗窃这种违法的事情，宽容意味着纵容；侵犯人格的行为，也不能宽容。

宽容并不是纵容，不是免除对方应该承担的责任。任何人都需要对自己的行为负责；任何人都要承担各种后果。否则，对方会一而再、再而三

地利用你的软弱侵犯你。

贴士8 学会幽默调侃

幽默是一种宽容精神的体现。要善于体谅他人，学会幽默，对于别人开的玩笑或善意的调侃，要学会幽默自嘲。同时还要乐观，乐观与幽默是亲密的朋友，生活中如果多一点趣味和轻松，多一份乐观与幽默，就没有克服不了的困难，就不会为一些小事与人斤斤计较、忧心忡忡了。

3、室友相处，姐妹相待

妈妈听到的故事

失落的青春

可儿生于一个工薪家庭，不算富裕，但是父母对她却是百般呵护。她虽不算是个衣来伸手饭来张口的公主，但是父母却从来舍不得责备她。从小被父母娇惯的可儿，为人有一些小心眼，有些虚荣。而小熙生于农村，从小就帮父母做家务，家里还有个弟弟，从她记事那天起，便照顾弟弟。她生性好强，认为虽然自己家庭状况不如别人，但绝不比别人低一等。

可儿和小熙本来是两个不同世界的人，但是她们在学校相遇了。不仅如此，她们还住到了同一间寝室——129，彼此的人生也因此而改变。

宿舍是四人间的寝室，有单独的卫生间和小阳台。从开学的那一天，这间寝室迎来了新主人——小熙、可儿、文文和丽丽。小熙是第一个来校注册的，她是四人中第一个来到这间寝室的。她除了将自己的床板清理干净外，还兴冲冲地将其他三个的也擦拭得干干净净。当晚她便躺在床上想像着大学里和她的室友一起快乐学习，快乐生活……

可儿是最后一天来的，她的父母拎着大包小包，而她只拿着个小小的钱包和一款时尚手机。可儿父母把她安顿好了才离开，临走时再三叮嘱女儿要照顾好自己，不要饿着，最后还拜托小熙、文文和丽丽照顾她。

刚开始的一段时间大家相处得还算和睦，她们常常一起上课、吃饭，有说有笑。然而随着时间的推移，可儿的毛病渐渐暴露出来了。

可儿是一个十分爱美的女孩，她听说早睡早起可以使皮肤光滑，每天晚上 9 点便早早睡觉。这本来是个好习惯，可是她睡觉有个毛病，如果有点光便睡不着了。但对其他人来说，这个时间是写作业、看书、聊天的点

儿啊，黑漆漆一片，怎么办呢？其它问题还可以解决，可是对于热爱学习的小熙来说，以前学习到晚上11点可是常态化的，这一下提前这么多，就完全无法适应了。而由于晚上睡太早，早上自然就起得早。小熙、文文、丽丽三人一般早上7点起床，但是可儿在早晨5、6点就起来了，不仅如此，她的动作还特别大，丝毫不顾及室友的感受。对于生性软弱的文文和胆小怕事的丽丽来说，只能默默忍受。可对好强又直爽的小熙来说，那可不成。她三番两次地向可儿提意见，可是对方丝毫不理睬，依旧我行我素，还总跟别人说小熙是长舌妇，爱挑剔等等。于是她俩的关系渐渐达到水火不容的地步。

一天，图书馆自习的小熙回到寝室，发现放在阳台上晾的鞋子湿了，可早上拿出来的时候还是干的。原来，是有条湿毛巾没拧干就挂上去了，而且正好位于她鞋子的上方。小熙气愤地质问到底是谁的毛巾，可是没有人回答。丽丽悄悄指了指可儿，但是可儿却只是悠闲地躺在床上。这让小熙更加恼怒了，直接将那条湿毛巾扔到了可儿的床上。这一下，可儿急了，破口大骂起来。小熙火冒三丈，顺手便将湿的鞋子也扔了过去。可儿径直冲向小熙，扇了她一巴掌。小熙也不是好欺负的，两个女生便互相扯着头发，厮打起来。文文、丽丽以及其他闻讯赶来的同学将她俩分开，可儿觉得吃了亏，嘴里不依不饶地骂着，还扬言要报复。

时间依旧像往常一样一点点过去，小熙早就忘了可儿的话，但可儿一直在愤怒中煎熬。终于有一天，可儿在逛街的时候看到了在做兼职的小熙，他顿时心生歹意。她找来了以前认识的外校的不良女生，一起策划教训小熙。当小熙从超市出来，经过跨江大桥时，突然被几个女孩围住，可儿也在其中。小熙怔住了，还未明白到底怎么回事，那暴雨般的拳头便落到了她的脸上和身上，在持续了三分钟之后，小熙突然发疯般冲出去，不等可儿等人追上便从桥上一跃而下。这是可儿她们未曾预料到的，她们愣住了，站在原地，不知所措。可儿脸色惨白，木木地站在那里，大脑一片空白。等警察赶到，进行了近两个小时的搜救后，被打捞出来的小熙，已经溺水身亡了。

可儿构成了故意伤害罪，被判处10年有期徒刑，并赔偿小熙家属32万元。

妈妈的担忧

亲爱的女儿：

当妈妈得知你和室友闹矛盾时，有些担心。妈妈讲这个故事是为了告诉你，如果室友之间不能好好相处，会导致无法想象的后果。

妈妈担心你以自我为中心，不为别人考虑，容易发生争执。因为你以前都是住在家里，没有集体住校的机会，比较自我，有些事情的处理方法别人不能接受，但是你却觉得很好，容易引发争执。亲爱的女儿，读书是一种生活经历，也是不断战胜困难、挑战自我、学会与他人相处的重要阶段。只有摒弃以自我为中心的思想，才会成为一个受人喜爱的好女孩。

妈妈担心你乱开玩笑伤害别人。你活泼开朗，善于调节气氛。即使室友关系很亲密，无话不说，但有些玩笑也不能乱开，要懂得起码的尊重，有些小玩笑可能会不经意就伤害了别人，从而生出一些小间隙，慢慢积累成大矛盾。

妈妈担心你和室友之间处理问题的方法不一样，价值观不一样，容易产生矛盾和分歧。每个人的性格不一样，生活习惯不一样，也会引发各种矛盾。比如你说有室友在晚上睡觉的时间讲话，有的室友经常带男友回寝室等等。这时应该包容别人，委婉地提醒或谅解她。

妈妈担心你年轻气盛不相让，伤人伤己。由于年轻气盛，有时候和室友产生争执互不相让，导致矛盾加深。学校的集体生活不同于家庭生活，老师和同学不会视你为掌上明珠，同学之间都是平等的。只有融入集体生活，将心比心，才能获得老师和同学的认可。

妈妈不会一味地责怪你，但希望你从过于自我的心态中尽快走出来，学会对人起码的尊重和理解，走向成熟。

爱你的妈妈

妈妈的8个妙招

妙招1 求同存异，签订《寝室约定》

寝室是大学生活的组织细胞，是女生最主要的活动场所，也是各种思想的碰撞点，在学习生活中有着重要作用。寝室成员来自不同区域，自然会有不同的风俗习惯，容易产生矛盾。为了增强寝室凝聚力，促进整个寝室的团结和谐，应积极与室友沟通，共同制定《寝室约定》，其内容包括：

(1) 统一作息时间，早上7：20前必须离开寝室，晚上10：40后必须上床休息。

(2) 节约用水用电，人走关灯，最后离开寝室者锁门。

(3) 共同维护寝室卫生，不随地扔垃圾，轮流值日。

(4) 有客人来访，各自负责，不要影响他人休息。

(5) 学习上互相监督，共同进步，自觉遵守学校纪律。

(6) 不得养宠物，不要带男友来寝室。

共同遵守《寝室约定》，寝室成员都不能违反，自觉维持寝室文明秩序。

妙招2 视室友为姐妹

室友是学习期间陪伴你时间最长的人。在同一个屋檐下，她们是你心灵的休憩站，让你不再孤单。在你失意的时候，她们给予你爱与关怀；在你开心的时候，她们与你一起分享。所以，要把寝室的每一个成员都视为亲姐妹，姐妹一家亲，寝室这个小家庭的关系就会和谐融洽。

相逢即是缘，珍惜彼此，平时多主动关心和帮助室友。大学四年要在同一间屋子里共同度过，尽管每一个人都有缺点，但相聚便是缘分。大家远离家乡和父母，心中难免会有孤独感。室友之间如能像姐妹一样热情相待，嘘寒问暖，就能驱散孤寂。室友生病，帮忙带饭；室友心情不好的时候，陪她说说话等，这些都会让她倍感温暖。当你有困难时，也可以向室友求助。有时求助能表明你对别人的信任，能够使关系融洽，增进感情。如果你能珍惜同每一位室友之间的友谊与交往，坦诚相待，毕业后，大家才不会形同路人，留下遗憾。

既然是姐妹，就要经常一起活动。千万不要简单地把集体活动当作是纯粹的费财费力的无聊之举，表现出一副不屑为伍的样子。如果确实不想参加，可以把自己的想法提出来，勉强参与反倒让室友觉得你在敷衍了事，但不要一口回绝而伤了姐妹间的感情。

妙招 3　营造健康向上的寝室氛围

如果一个寝室长期充满敌对或猜疑、不满、愤恨等情绪，势必会影响寝室成员的心情，影响学习效果。反之，如果寝室成员形成了和谐良好的人际关系，彼此之间互相关心、互相帮助，则有利于学习上互相切磋，互相促进，取得更好的学习效果。所以，要营造健康向上的寝室氛围。

健康向上的寝室应该是学习的寝室，进步的寝室，互相帮助的寝室，欢乐的寝室。寝室氛围应该以学习为主基调，比学习，比进步。寝室成员在自身学习的同时，不忘带动其他室友一起学习，一起进步，提高整个寝室成员的成绩。不要攀比富裕，不乱花钱，养成良好的生活习惯。更不能因妒忌别人比自己美丽或比自己经济条件好，就埋下仇恨的种子；而要善于发现别人的优点，发挥自己的长处，和室友一起努力，共同进步。一个和睦的寝室，是心灵的“避风港”，大家可以互相分享喜怒哀乐，从中得到理解和支持。

寝室与寝室之间也要保持良好的关系，多和健康向上的寝室来往，对那些有不良之风的寝室敬而远之。

妙招 4　学会换位思考

自己快乐的同时也要照顾一下室友的感受，戴上耳机、轻声说话、轻拿轻放，给室友一个安静的休息空间。

每个人都有自己的个性，不要强求别人和你一样。在学校里，不乏家庭条件好的人，有的人从小养尊处优，养成了以自我为中心的习惯，喜欢在室友面前炫耀；有的人性格比较直爽，喜欢开玩笑；有的人性格比较敏感，很在乎一些小细节……面对这些，如果不换位思考，就会引发矛盾。

女生寝室有大量的日常生活用品，在长期相处中，应避免日用品的混用，以免引发矛盾。室友把零食分给你吃时，不要因为吃别人的难为情而拒绝。有时候，室友过生日请你吃饭，你应欣然前往。你接受别人的邀请，从某种意义上说，也是给别人面子。倘若不论零食或宴请，你都一概拒绝，久而久之别人难免会认为你清高傲慢，就对你“敬而远之”了。

妙招 5　不触犯室友的隐私，不开过分玩笑

每个人都有自己的秘密，对于室友的隐私，我们不要想方设法去打探。侵犯别人的隐私是不道德的行为，在国外，侵犯他人隐私是违法行为。另外，就算有时知道了室友的某些隐私，也要守口如瓶，告诉他人不仅是对室友的不尊重，更是不道德的行为。

有些玩笑不要随便开，不逞一时口快，有些人喜欢开别人玩笑，占小便宜，但有些玩笑在不经意间伤害了别人，就会生出一些小间隙，慢慢积累成大矛盾。

妙招 6　不挑拨是非，不人身攻击

女孩闹矛盾的根源之一是议论他人。被人品头论足是令人不愉快的，不要以为背后议论他人人家不会知道，要知道“祸从口出”。不要在背后论人是非，看不顺眼的地方要放在心里，用对方能接受的方式当面提出；对于别人议论，要主动与他人沟通，解释并化解误会。有些人喜欢争辩，试图通过说服对方显示自己的能耐；有些人害怕被人看不起，就故意在“卧谈会”中唱反调，甚至揭人之短，对他人进行人身攻击，这样给人感觉太好胜，你不尊重别人，别人也不会尊重你。你想处处表现得比别人聪明，最后只会引起别人的反感。

妙招 7　宽容室友的缺点，不轻易争吵

“己所不欲，勿施于人”，互相宽容，互相理解。在要求别人之前，要先检讨自己，严格要求自己。来自不同地区的室友都有各自的生活习惯和宗教信仰，多替对方着想。可能对方有些习惯和生活方式你一时不能适应，甚至觉得无法忍受，既然彼此都不能在短时间内改掉个人的习惯和毛病，那么就要学会包容和忍耐，千万不能发生争吵。

妙招 8　保持自我卫生，共同维护“家园”

没有哪一个集体会欢迎一个自私、懒惰和邋遢的人。宿舍每位成员都应该做的杂务，不仅指做好自己一个人的事，也包括做好集体的事，如扫地、

擦门窗等。这些都是日常生活中的小事，倘若我们能够做好，对处理好宿舍关系能够起到事半功倍的作用。反之，小小“蚁穴”也会将良好宿舍关系的“千里之堤”给毁了。

4. 恋爱，慎重选择

妈妈听到的故事

落单的鸳鸯

小琳是英语专业的学生，她身材高挑、相貌甜美、打扮前卫，头脑里总是闪现着出国留学的梦想。然而，英语专业出国后就不能称之为专业了，于是，她打算选修第二专业。

一个周末，小琳独自来到省图书馆，正当她专注地翻阅保罗·萨米尔森的英文版经济学时，附近突然飘来一句纯正的美式英语："Paul A. Samuelson"，那声音非常有磁性。小琳抬头一看，眼前是一位身高1米8、穿戴时尚的男孩，正微笑地看着她说："看得懂萨米尔森经济学英文版吗？"小琳羞涩地回答道："书中经济学专业单词不大懂，你懂吗？"男孩递过一张名片，骄傲地说："我在美国留学时就读过这些书，能不懂吗？"小琳羡慕地说："你好厉害啊！"男孩自信地说："以后有困难可以找我。"随后就离开了。

回到学校，小琳掏出男孩的名片，名片上印有"超软软件开发公司总经理一凡，留美博士"，令她崇拜不已。小琳心里琢磨，图书馆的奇遇是不是上帝的安排呢？从这以后，留美博士的身影时时都在她眼前浮现。她整天沉浸在幻想之中，茶饭不思。终于有一天，她实在忍不住了，就给一凡留在名片上的QQ发了个信息表白。当得知一凡已有女朋友后，她不甘心，仍然穷追不舍。一场奇异的网恋就这样开始了。春暖花开的一个周末，两人相约去郊游，郊游中他们越过了友谊的界限。此后，小琳穿着一凡为她买的新衣服，常常流连于星巴克或西餐厅，心里美滋滋的，感觉留美博士已经拽在了自己手中。

然而，好景不长。一天小琳收到一条短信，短信中说“你的行为正在破坏一个幸福的家庭，望你改邪归正，否则将要告诉你的家长和老师，让你名誉扫地。”这一晴天霹雳让小琳天旋地转。她找一凡讨说法，留美博士阴沉着脸，沉思良久，冷冰冰地说：“我不能放弃我的家庭和前途，你好自为之吧。”小琳被彻底击垮了。第二天，她谎称不舒服，没去上课。中午大家回到寝室，看到小琳还是躺在床上，便去叫她，可是怎么也叫不醒，大家掀开被子才发现：小琳割腕了。大家赶紧拨打了报警电话，经过及时抢救，小琳最终脱离了生命危险。

闻讯赶来的父母吓呆了。问她为什么要这么做，她的回答震惊了所有人：“他不要我了，我只是想吓吓他，挽留他。”可她不知道父母被吓成什么样了。

后来，小琳情绪低落，学习成绩一落千丈。原本学习优秀的她没有了骄傲的资本，就更加自卑了。期末考试小琳多门功课挂科，最后不得不休学。小琳觉得命运一片灰暗，对生活失去了信心……

妈妈的担忧

亲爱的女儿：

听说你在学校交了男友，我很担心。在妈妈眼里，你一直是个乖孩子，是妈妈的骄傲。妈妈注意到初中就有不少男孩对你有好感，所以每次男孩子约你出去玩，妈妈都委婉地帮你拒绝。

妈妈担心你早恋，早恋会分散精力，影响学业。而女孩失恋会受到很大的打击，所以妈妈一直保护你，让你远离早恋。

妈妈担心你受到伤害。现在你恋爱了，如果两年后他对你说：“对不起！”我的女儿，你一定要微笑着对他说：“谢谢你！”，给这段爱情画上完美的句号。孩子，不是妈妈打击你，理智一点，大学里的恋爱有多少最终能在一起的？现在的男生很现实，到该让他为你做牺牲的时候，他只会和你说对不起。两年以后，或工作，或深造。总之多是各奔东西，好合好散。女儿，妈妈不是让你对爱情抱有消极的态度，只是我的女儿太年轻，承受不了太多伤痛。希望越多，失望越多，所受的打击也必定更重。

妈妈担心你感情冲动，种下苦果。青年男女堕入爱河以后，成天单独在一起，会激发感情冲动。强烈的冲动往往使双方失去理智，而发生性行为。

妈妈还担心你选错恋爱对象。漂亮的女孩总是喜欢帅气的男生，但妈妈要提醒你，相比外表，人品和德行这些内在的东西更重要。即使是超级大帅哥，如果是一个花花公子、纨绔子弟，一定不要把他当恋爱对象。如果你找的是一个既有才气、人品又好、有高大帅气的男孩，当然更好。同时，你也不要只注重自己的外表，而忘记内涵，如果你是人群中的亮点，美丽、自信、气质、能力兼备，他还能不在乎你吗？他会以你的女友而自豪，会看重你，害怕失去你。

所以，孩子，想拥有一段美好的感情，就让自己变得更优秀吧！

祝我的宝贝永远快乐幸福！

爱你的妈妈

妈妈的1个忠告

忠告1 早恋必毁前程

早恋的学生无法承担恋爱、婚姻所要求的责任与义务。早恋会使学生在学业和个人发展方面造成无法挽回的损失，从而导致终生的遗憾。其危害性表现在以下几方面：

(1) 分散精力，影响学业。早恋荒废了不少优秀学生的学业，毁了不少女孩的前程。早恋的孩子双方都有一种牵挂，如果过分沉醉于爱的幻想中，就无法全身心地投入学习。由于经常约会，占用了宝贵的学习时间，会导致学习成绩一落千丈。而中学生不把基础课程学好，就考不上理想的大学，影响一生的发展，毁掉前程。

(2) 感情冲动，种下苦果。通常恋爱和性爱有着不解之缘，中学生没有自制力，缺乏性知识，由此而产生的生理后果——怀孕常常使得早恋中的浪漫气息一扫而光。由于少女的身心均未发育成熟，婚前性行为必然会种下苦果。有的少女因害怕别人知道，又无颜向老师及家长交待，便偷偷到偏远的医院去做人流，术后又得不到充分休息，给身体造成极大伤害。有的少女因自行买药打胎而死于非命，还有的少女在事情败露后，在家长的打骂、学校的惩罚、同学的嘲笑中无地自容，继而轻生。可见，早恋的结果，往往是少女成为最终的受害者。

(3) 影响声誉，畸形交往。在学校里，一个班级如果出现了男女同学谈恋爱，会相互传播取笑，转移大家的注意力。有的甚至羡慕、向往、效仿先例，积极寻找和物色异性朋友，影响学校的风气。

另外，早恋的少女热衷于单独与恋人在一起。长此以往，这种二人世界会逐渐脱离大众，他们很少与班级其他同学正常交往，与集体逐步形成隔阂，导致交往畸形。

(4) 早恋必毁前程。青春期少男少女谈恋爱，是在身心都不成熟的情况下进行的，在当今社会几乎没有成功的可能。青年男女没有经济基础，这种爱没有牢固的根基，很容易中途夭折。随着时间的流逝，他们真的成熟起来，有了新的择偶标准时，过去曾经挚爱的人，可能因为性格的变化，兴趣爱好的不同而难以走到一起。还有家庭的反对，社会的歧视，短暂冲动后的各种矛盾，互不谅解……现实的种种情况，将导致早恋必然失败。

妈妈的 14 个妙招

一、应对早恋的妙招

妙招 1　绝缘：封闭感情之窗

女孩们往往认为爱就是一切，不附加任何条件，她们认为感情像水晶般纯洁，但由于心里想的常常与现实不符，因此往往蒙受心灵的创伤。所以，女孩要抵制一切诱惑，珍惜自己美好的青春年华。

对追求自己的男生一律冷漠对待，关闭感情之窗。如果对方苦苦追求，坚持不懈，可以明确地对他说，“这种不成熟的感情只能对双方造成伤害，不是真正的爱情。”

妙招 2　感情降温，学习第一

女生是感性的，在处理爱情与学习的关系上，女生很可能因为感情而耽误学业。而当今社会男女地位不平等，在激烈的社会竞争中，女生只有学习比男生更好，才能在将来找到合适的工作。所以，女孩不能荒废学业，荒废了学业也就荒废了一生。在学校期间，学业是首要任务，只有自己提升了，才能吸引更优秀的男生。

只有具备一定的能力，才有资格去爱，否则一切都是没有意义的。女孩应尽最大的努力在学业上给自己增加砝码，在生活中培养更好的素质，才能让所谓的爱变得更加真实而有力量。

妙招 3　冰冻情感：心动而不行动

两人互相保证封存这段情感，可以想着对方，但不来往，考上大学后才是情感的解冻之日。

女生可以多参加集体活动，分散注意力，不要与异性单独交往。要认识到目前你所接触的男生是小范围的，随着时间的推移，交往范围的扩大，一定能遇到心目中那个最优秀、最合适的男生。

二、与男生交往的妙招

妙招 1　男女有别，亲密有间

无论生活在哪个时代，“男女有别、亲密有间”的观点都会有它成立的意义。女孩应做到行为举止不放纵、不随性，与异性交往要留有余地。不要长时间凝视对方，更不要与异性调情。

男女交往要有分寸，要自然交往、适度交往，尽量与异性建立起积极向上、健康发展的异性关系。

妙招 2　与异性交往中学会果断说“NO”

坚决果断地说“NO”！这是自我保护最有效的方法之一。对于品行不端、行为轻浮、言语张狂的男孩，一定要远离。

妙招 3　不接受任何贵重礼物

金钱是个敏感的话题，恋爱男女一旦涉及经济利益马上翻脸的例子不在少数。要学会拒绝异性赠送的贵重礼品，不能接受钱财。拿人手软，女孩接受异性的礼物，会觉得欠别人的，而且，如果接受了心怀不轨的异性的贵重礼物，就会向他妥协，对他提出的条件，只能就范。感情归感情，金钱归金钱，应该泾渭分明，一段真挚的感情如果掺杂了金钱和利益，那么这份感情也不会长久。所以，在金钱问题上，女生要经济独立，不能认为两个人在一起男生付钱是理所当然的，“AA 制”是最好的选择。

三、拒绝求爱的妙招

妙招 1　委婉拒绝

要学会委婉地拒绝他人，保留他人尊严，不要用身体或言语上的伤害贬低他人的人格，如可以对他说，“我爸爸不让我谈恋爱”“你很优秀，但我现在不想谈，等到考上大学以后再说”，收到某位男同学约会的条子或表白感情的信件，则要写一封语言婉转、观点明确的回信，表明希望保持正常同学关系。

妙招 2　态度坚决

如果你不喜欢对方，或遇到对方“死缠烂打”，拒绝的态度一定要坚决，不可优柔寡断。

妙招 3　提出警告

对那些反复纠缠，甚至有不轨行为的人，要以严厉的态度、明确的语言予以拒绝，必要时可提出警告或通过老师和家长来协助解决。

妙招 4　尊重对方

在拒绝对方的要求时，要讲明道理，耐心说服；要尊重对方人格，不可嘲笑挖苦，更不能在别人面前揭露对方隐私。例如不要公开对方写给你的情书，不要谈论对方曾经对你有过某种非礼行为等等。如果是中断恋爱关系，自己有责任的，也应主动承担责任，表示歉意。

妙招 5 节制往来

要正常相处，但要节制往来。恋爱不成，但仍是好同学、好朋友，不可结怨，更不可成为仇人、敌人。在交往中，最好要节制不必要的往来，以免对方产生“物是人非”的伤感，让对方尽快消除由于失恋所造成的心理上的伤害。

四、“定情”的妙招

年纪大的人阅历丰富，看问题透彻，虽然时代在进步，有很多新思想、新观点，但有些思想是任何时代都适用的。因此，选择男友时，一定要征求父母的意见。父母才是真正为女儿着想的，父母是没有私心的，他们做的一切都是一心一意为了女儿的幸福，一段真正的感情要争取父母的祝福才牢固。

对父母的理解是我们必须学会的人生第一课，不要为了一段并不值得的感情自暴自弃，必须对自己负责，对父母负责。我们一定要学会用“爱”控制身体里“欲望的魔鬼”。

五、应对性爱的妙招

(1) 当男友提出性要求时怎么对付

热恋中的女孩，最容易在男友“你如果爱我，就应该献身于我”这类话的引导下，轻易献出自己的身体。但轻易相许的结果是：如果对方是玩弄你，目的达到以后，很快会弃旧图新，另觅新欢；如果对方是爱你的，你轻率的行为，反而会使对方不再如以前那样尊重你，甚至会发生猜疑：你既然那么容易献身于我，会不会更轻易地献身于他人呢？还有可能是道德品质不良的人，打着“只有以身相许，才是真心相爱”的旗号，专门诓骗涉世不深的女孩。

所以，为男友献身并不是爱情的润滑剂，很可能是让人后悔自责的迷魂汤。女孩必须明白：轻率的性行为与真诚的爱情风马牛不相及。

(2) 如果自己不想发生性行为，怎样面对男友的性要求

①初恋时双方都很幸福，甚至有大脑被冲昏的感觉。这时最好与你的恋人来个君子协定或约法三章，日后如果他有控制不住的时候，你就于情于理都占了优势。

②交往的过程中，要尽可能少地制造容易出轨的氛围。

③如果你是一个极有原则的女孩，有极强的自我约束力，可以这样回答：

“来日方长，为什么不把最美的一刻留到新婚之夜呢？”

“如果你真的爱我的话，请尊重我的选择，也尊重你自己，让我们一起在自我约束中走向成熟，好吗？”

④万一到了紧要关头，你既不好严辞拒绝，温柔地说“不”又不管用，不妨把“大姨妈”搬出来，拒绝的目的自然达到。

相信只要是通情达理的男生，只要他真的爱你，就会理解你的。如果他不答应，就不是真正爱你，你们迟早还是要分手的。

六、失恋调节的妙招

(1)“塞翁失马，焉知非福”，要想到失恋其实是一种福气，他失去的是一个爱他的人，而你失去了一个不爱你的人，却得到了新生活，重新爱的机会。

(2) 失恋时要尽量想对方的缺点，把对方想成魔鬼，不要想念他以前对你的温柔体贴，不要回忆过去两人一起温馨浪漫，多想想他对你的伤害。

(3) 失恋后要把全部精力投入学习，忘却一切烦恼。

(4) 感情受挫时，不要把委屈憋在心里。你可以选择调节和心理调节两种方式，发泄不良情绪。跑步、跳舞、唱歌、倾诉、购物和美食都可以放松心情。

(5) 要学会与人沟通和交流，可以是闺蜜、好友，也可以是妈妈，当然你也可以求助于专业的心理医生。

(6) 失恋时心理很脆弱，容易堕落，因此要注意心理卫生，不去有污染、不健康的地方，不看不良的报刊杂志，不浏览不良网站，不去夜店。

5.“高富帅”，谨慎交往

妈妈听到的故事

追求“高富帅”的结局

晓晓来自农村，家庭贫困，考大学的动力是要过上城里人的生活。晓晓来济南报到的那天，第一次见到了10层以上的高楼。大学的前两年，是晓晓最充实的时光，除了上课就是自习，考研是晓晓继续努力的另一个目标。大三那年，晓晓和阿晨恋爱，生活从此被彻底改变了。

阿晨是学校的保安，由于学习不好，读完初中便出来打工，后来，经亲戚介绍在学校当了保安。本来晓晓和他不该有任何交往，可阿晨是众多女生的“梦中情人”，他长得太帅了，单是1.85米的颀长身材，就足以令人炫目。阿晨追求晓晓时，晓晓就知道他和别的女孩有密切往来。可是，由于虚荣，晓晓没有过多考虑他的人品，看着别的女生嫉妒的眼神，反倒有种洋洋得意的骄傲。何况，阿晨家境殷实，因旧村改造，他家分到了三套房产和可观的补偿款，其中一套还是临街的商铺，每月的租金就是一笔不菲的收入，他又是家中的独子，丰厚的条件给他镀上了“高富帅”的光环。

晓晓和阿晨的恋爱，两家父母都不同意。晓晓爸妈嫌阿晨学历低、没有正式工作，而阿晨家认为晓晓来自偏远的山区，家又穷，哪里配得上他家的“高富帅”？当时很多人不看好他们的恋情，说晓晓是看上了阿晨家的条件。平心而论，晓晓不否认这些说法，谁愿意放弃好的条件？

比起外界的说三道四，阿晨的多情更让晓晓烦不胜烦，别看他学历不高，却很有女人缘。他有个外号叫“贴心闺蜜”，可想而知，他多么受女孩欢迎。阿晨在保卫处做保安，按说收发信件不关他的事，可他倒勤快，凡是女生的邮递快件，他都大包大揽，亲力亲为，连女生从网上购买的内衣丝袜，他都要亲自去送。晓晓气得暴跳如雷，而阿晨始终用哄死人不偿命的耐性给晓晓解释："不过是举手之劳，帮帮忙而已，你才是我心中最重要的。"晓晓也傻，一听到动情的话，再大的怒火也会随风飘散。

毕业后，晓晓还没规划好是考研还是工作，却意外发现怀孕了。本想做掉，医生一检查是双胞胎，让晓晓考虑好再做决断。两边父母一听这天大的喜讯，催他们赶紧结婚，晓晓也想用婚姻拴住阿晨的心。当同学们都忙着找工作时，晓晓已经开始准备做新娘和妈妈了。结婚前，晓晓坚决让阿晨辞去了保安的工作，晓晓可不愿意让他给那些女生当免费后勤。阿晨辞职后，便在父母开的超市里帮忙进货、送货。晓晓也松了口气，他身边的莺莺燕燕总算干净了。

然而，晓晓高兴得太早了。怀孕六个月时，晓晓发现阿晨和超市的一个收银员处得热火朝天的，俩人的聊天记录非常露骨缠绵。看到阿晨和别的女孩腻歪在一起，晓晓第一反应就是不停地吐，恨不能把胆汁都吐出来。公婆急得数落阿晨，他反倒觉得很无辜，把手机往地上一摔，扯着嗓子跟晓晓理论："人家孤身在外，我对她只是关心，亏你也上过大学，怎么就没点同情心呢？"说来说去，倒成晓晓无理取闹了。

晓晓坐月子期间，公婆的精力也转移到两个孩子身上，超市基本由阿晨和几个女员工在打理。而晓晓总疑心阿晨有问题，每隔一小时就打电话查岗。他稍有怠慢，或者碰巧是女员工接电话，晓晓就大发雷霆。倘若他晚归，晓晓更是歇斯底里地质问。后来，晓晓才知道，自己患上了轻微的产后抑郁症。

晓晓生完孩子后特别自卑，满脸起了蝴蝶斑，面容憔悴，身体如气球般膨胀。而阿晨还是那么帅气潇洒，晓晓都不敢和他站在一起，由此也对他管得更严厉了。QQ、手机、邮箱，所有的密码晓晓都必须知道，否则就是他心里有鬼。在阿晨"万人迷"的照耀下，晓晓这个大学生的优势简直不值一提。以前，还有种"下嫁"的感觉，可现在，吃个雪糕都得张口问他要钱。失衡的心态，时刻纠结着晓晓。

有一次，阿晨和朋友出去游玩。回家后，晓晓查看他的手机，看见阿晨搂着一个穿着时尚的漂亮女孩拍的亲密大头照，晓晓妒火中烧。面对晓晓咄咄逼人的审问，阿晨讲起了他的大道理："我的身体又没出轨，难道结了婚就不能有异性知己，就得成天守着你一个人吗？" 晓晓损他，"你除了一副臭皮囊，有什么值得骄傲的？”“给你一个丑陋、花心的男人，你要吗？”阿晨的歪理让晓晓一时气血上涌，喘气急促，住进了医院。

在医院住了一个月，医生叮嘱晓晓，千万不能生闷气，遇事要想开。可晓晓找不到快乐的理由，阿晨那颗心总要空出一半给别人，晓晓无法做到和别的女人一起分享他的“博爱”。得知晓晓住院，在北京读研的好友特意来看望晓晓。上大学时，她睡在晓晓的上铺。那时约定好一起考研的，仅仅因为晓晓的选择，便失之毫厘，差以千里。好友光鲜饱满，自信端庄，而晓晓呢，没有工作，老公花心，生活无望，相比之下，晓晓恨不得一头撞死。晓晓实在控制不住了，径直走到病房外，放声痛哭起来……

妈妈的担忧

亲爱的女儿：

当你听完这个故事，你还迷恋心中的“高富帅”吗？你常说，你心中的白马王子就是一位“高富帅”。在这个物欲横流的年代，“地位高、票子多、长得帅”，已成为一种“择偶”的价值尺度，得到了女孩们的普遍接受和认同，妈妈担心你对“权贵、金钱、相貌”盲目崇拜。妈妈担心你丧失正确的价值观，其实童话般的爱情故事大多是假的。

妈妈担心你将“高”异化为“官本位”，或类推为对权力的崇拜。万般皆下品，唯有官位高，其实是一种很不健康的心态。人生而平等，没有高低贵贱之分，只有品格优劣之别。我希望宝贝女儿端正心态，摒弃对权贵的艳羡，找到自己真正的归宿。

妈妈担心你将“富”异化为票子多。有钱就是人上人，有钱能使鬼推磨，由此产生唯利是图的想法。担心你受“宁可坐在宝马车里哭，不愿坐在自行车上笑”的言论的影响而沦为金钱的奴隶。如果人只是为了钱而生活，会活得很累的。妈妈担心你把物质当作获得幸福的唯一条件。如果爱情只建立在金钱基础上，不仅对对方是一种伤害和欺骗，对自己同样是不负责任的表现。一个优秀的女孩一定要树立正确的爱情观，坚决抵制金钱的诱惑，不要让爱情沦为金钱的附庸。

妈妈担心你将“帅”异化为“好看”，以貌取人。担心你只看重外貌，而忽略心灵。其实，选择男友关键要看人品，内在比外在更重要。

妈妈担心被 “高富帅”欺骗感情。很多高富帅已经有自己的家庭，妈妈担心你成为“小三”，失去属于自己的幸福。

亲爱的女儿，妈妈说这么多，是希望你明白“高富帅”是不现实的择偶标准。妈妈相信女儿能找到属于自己的幸福！

爱你的妈妈

妈妈的3个小贴士

贴士1　要有正确的择偶观念

“地位高、家境好、长得帅”对男孩来说，都是外在的东西。一个男孩的学识涵养、道德品质、能力才干等内在因素，对于要托付终身的女孩来说，更真实、更重要。如果一个“高富帅”品行不端、人格低下，对女孩来说，他就是一棵“毒草”。如果和这样的人交往，你将会遭遇生命的“杀手”。外在的东西都是短暂的，只有内在才是持久的。决定生命、生存、发展的永远是内在的东西。人的外表不能永葆青春，只有发自内心的真诚善良，才能让他在别人眼里永远美丽。

女生要持正确的恋爱观，求享乐、攀高枝、做贵妇的思想，不仅腐蚀灵魂，让你磨损人生的斗志，而且会使你变得浅薄、俗气；即使真有幸嫁给“高富帅”，当你年老色衰时，很可能成为被抛弃的、终日以泪洗面的弃妇。

女孩要认清爱的真谛。爱的真谛在于尊重、善良、付出和责任，来不得半点虚伪和浮华。不要盲目追求外在的东西，一个男人不管外在多么帅气、身世多么显赫，如果没有内在的修养，没有责任感，是不足以让你托付一生的。杨澜说：聪明的姑娘选择爱自己的男人，痴愚的姑娘追逐自己爱的男人。这话说得未免偏颇，但也道出了恋爱中女孩应该持有的正确态度和真实质朴的恋爱观点，女孩们应该细细琢磨一番。

贴士 2 女怕嫁错郎

女孩要谨慎地对待恋爱婚姻。男性是社会的主要参与者，要从事更多的社会性事务，相比之下，女性参与的社会事务相对少一些，结婚以后，女性要照顾家庭，要承担更多的家庭义务，要生儿育女、相夫教子，有的女性甚至为了家庭放弃自己的事业。因此，恋爱婚姻对女性比男性更重要。如果嫁的高富帅是个烟鬼、赌鬼或是玩世不恭的花花公子，他就不会真正疼爱你，和他在一起生活会很痛苦；如果不幸嫁给一个玩弄女性的伪君子则会更加痛苦，你会为自己的一时冲动吞下一生的苦果。

恋爱是浪漫的，但同时又必须是严肃的。严肃地对待爱情就不会被一些虚伪的东西蒙蔽双眼。要找什么样的对象，或者以什么样的标准来选择配偶，把什么标准放在首位非常重要，如果选择对象脱离实际，标准错位，就容易陷入误区。如果择偶仅以“高富帅”为标准，会让一些犯罪分子借此设下种种骗局，诱使单纯幼稚的女孩失财失身。

贴士 3 女孩要独立

一个女孩，只有具有独立的个性、独有的学识、独到的才干，才有可能获得真正的爱情和美满的婚姻，正像《致橡树》所描画的意境：只有两颗独立的树，才会并肩挺立到永远，而攀援的凌霄花是很容易凋零的。女孩一定要自爱、自强、自立。每一个女孩都应该以独立自强的女性为榜样，多读她们的故事。

即使找到了真正的高富帅，也要独立自主，不能依附于人，应该向他表明，“我不是看中你的外表与钱财，而是看中你的人品。但同样我的人格也是独立的，我也应该有自己的事业和理想。”

女生们想要有一个完全属于自己的美好未来就必须靠自己。只有靠自己的双手打拼出来的才是真正属于自己的财富，别人给的就如同草长莺飞时飞翔在你头顶的纸鸢，看着像是只覆盖于你的天空，实际上线始终被操控在别人手中，终究不是你的。

妈妈的4个妙招

鉴别“高富帅”——如何分辨真假“高富帅”呢，可以从以下四个方面来观察鉴别：

妙招1 望

如果你刚结识了一个异性朋友，在不了解他经济能力的前提下，就应当看他的衣着气质和行为举止了。可以从衣着、皮包、手表、鞋子这些细节观察他的品味，如果他穿着一身假冒名牌还炫耀，长得像潘长江却穿成吴彦祖，结账的时候斤斤计较，那他肯定是个假货。真“高富帅”是有一定涵养，彬彬有礼的。在与你还不熟悉的情况下，对你动手动脚的男人，几乎不可能是所谓的“高富帅”。真正有钱的男人，想要巴结他们的女人都排长队，一般不会对自己刚接触的女性朋友乱动乱摸。一个男人若是大度、尊重你、懂规矩，也是财富的象征。

妙招2 闻

听一个人的谈吐，能识别出他的素养。一般情况下，当你遇见一个有钱男人的时候，他不会马上表明自己的身世，而是以最普通的方式先和你接触和交流。如果一个男人，刚认识你，就虚夸自己多么有钱，声称明天给你一套房子，后天送你一个钻戒，或者说自己在哪开公司等等，这样的男人八成是个骗子。越是有钱的男人越担心会因为钱财而影响伴侣的选择，所以有钱的男人一定会注意他们的谈吐的。

妙招3 问

多询问他个人和家庭的各方面情况，再侧面通过各种方式核实对方的真实身份，打电话到其工作单位或家里核实，了解其真实情况是否与所说的相符。如果有可能，借他的手机看一看，手机里的信息可以暴露他的真实身份。如果是每天拿着高档手机刷微博玩游戏的男人，说明他们并不是为了工作而忙碌的黄金男，反而可能是靠手机打发时间的男屌丝。

妙招4 切

当你面对一个“高富帅”的追求时，要理性地判断一下他是否真心喜欢你。通过走进他的家庭、社交圈了解他的家庭环境和社会背景；并通过听其言、观其行，审视一些细微之处，感知他待人接物的态度，了解他的脾气秉性。通过接触他的朋友，了解他的人品性格和兴趣爱好。

遇见“高富帅”，要保持冷静，理性对待，切不可盲目轻信，现实生活中没有那么多灰姑娘的故事，只有靠自己才是最踏实最安全的。不可一时糊涂，一失足成千古恨。

6、师生恋，难成正果

妈妈听到的故事

凋零的花朵

一张稚嫩的面孔写满忧郁，低沉无助的语调充满哀怨，左臂上密密麻麻的刀痕让人心头颤栗……

2 月 28 日，梦云用尖刀割了自己的左臂。由于抢救及时，梦云脱离了生命危险，但她的心里却蒙上了一层厚厚的阴影。

梦云缘何要结束自己美丽的生命，亲手葬送自己的大好前程？让我们从她的日记说起。

日记记录了梦云与老师近一年的恋情，正是这段畸形的师生恋情，让她伤痕累累，让这个原本幸福的家庭布满阴云。那么，这段不该发生的恋情究竟是如何开始的？

梦云从小到大一直是父母的骄傲，学习优异，相貌出众，多才多艺。梦云是班级里的佼佼者，是令众多女孩羡慕的白雪公主，追者如云。但梦云从没把这些追求者放在眼里，认为这些男生没有内涵。这样一位心高气傲的女生，却陷入“师生恋”的情网中……

秦老师 35 岁，是个有家室的人。他上课口若悬河，行走风度翩翩，谈吐幽默诙谐。因此，他成了女生谈论的焦点，崇拜的偶像，梦云也不例外。这么一位风度翩翩、才华横溢，为人处世得体的男老师，正是梦云心目中的完美恋人形象，远非同龄男生可以比的。当然，秦老师对这位品学兼优的漂亮女孩也是心存好感。

有一次下课，梦云向秦老师请教问题。他们讨论了很久，直到教室里只剩下他俩。当梦云与秦老师四目相对的时候，双方都产生了异样的感觉。当晚，他们一起出去吃了一次饭，彼此感觉都很好。从那以后，他们常常以补课为名，约会聊天。情窦初开的梦云，深深地爱上了老师，陷入了一场“师生恋”中。每到夜深人静的时候，梦云都将两人相处的点点滴滴写入日记，足足写满了厚厚两大本。

两人恋情不断升温的同时，梦云的成绩却一落千丈。为此，秦老师不停地督促她努力学习，但是梦云已很难集中精力学习。她将所有的注意力都集中到秦老师身上，她时常想：“他是不是单独给女同学答疑了？哪个女同学又在议论他了？”这些常常让她寝食难安。后来的期末考试，原本成绩优异的梦云多门挂科。此时，秦老师如梦初醒，他意识到了这场“师生恋”甜蜜背后的罪恶。于是，当伤心的梦云找他时，他好像变了个人似的，不停地躲闪、回避。梦云无助地在日记中写到：他变了，他不爱我了，他骗了我。我的心在流血，我不相信这就是我曾经深爱的人！

考试的失利、失恋的打击让梦云无法再面对别人，面对生活。她感到周围充满嘲笑的目光，只要有人说话，她就感到是在议论自己，一种被疏远被讥讽的感觉油然而生，她的神经变得越来越敏感。

在接下来的整整一个寒假，除了上厕所，梦云从不离卧室半步。每天头不梳、脸不洗，呆滞的目光始终望着窗外，拒绝和任何人交流。父母和她的对话都是隔着房门进行的，但是无论父母说什么，卧室内都不会有任何回应。到了吃饭时间，梦云只是将门敞开一个小缝，父母将饭菜递进去。面对女儿的异常反应，梦云的父母不知如何是好。他们一直想知道到底是什么原因导致女儿变成这样的。

漫长的寒假即将结束，但是女儿的状况始终不见好转。梦云的父母开始将希望寄托在女儿的日记本上，寻找契机进入女儿的卧室。然而，2月28日这天，当梦云的日记本被父母打开的那一刻，注定了一场悲剧的发生。

日记本所记录的内容让他们觉得五雷轰顶：女儿谈恋爱了，而且是和老师谈恋爱！隽秀的小字清晰地展现出女儿的内心世界，从师生间的仰慕到花前月下的爱恋，从品味初恋的甜蜜到经历恋爱的痛楚，欣喜与绝望不断交织……日记中，梦云甚至计划着开学后要做的事情：到秦老师家去闹，让他和妻子离婚。梦云还编织着和秦老师将来的幸福生活。

“我要找校长，我要告他，他是什么老师！”梦云的母亲几乎发狂。随即，母亲拿着女儿的日记本，砸向了女儿：“你还是个女学生，居然做出这种事，太丢人了。我们真是白养了你……”看着母亲发怒的表情，梦云感觉自己最后的尊严都被父母践踏了，一直沉默的她顷刻间爆发了，她摔碎了卧室里所有的玻璃物品，发疯地撕课本，对着父母狂喊："你们竟然偷看我的日记，还说我丢人，你们养我，我就割肉还你们，报答你们的养育之恩……"随后，她发疯似的拿起一把尖刀，重重地在手臂上乱划……

在接下来的日子里，自杀未遂的梦云更是无法平静，不是整日大哭大闹，就是沉默寡言。由于梦云的行为已经严重违反了校纪校规，学校处分了梦云，秦老师也因此引咎辞职了，一场师生恋就这样结束了。

妈妈的担忧

亲爱的女儿：

讲完这个故事，妈妈开始对你有所担心，担心你也会"师生恋"。因为正值青春情窦初开的少女容易把老师当成爱恋的目标。

妈妈担心你崇拜英俊潇洒的年轻男老师。因为女孩对异性的爱慕多是从身边的异性开始的。学生接触最多的异性，除了亲人、同学，就是老师。老师有才华、有智慧、地位特殊，很容易占据学生的心灵。帅气年轻的男老师更容易成为女生心目中崇拜的对象，进而成为爱恋和追求的对象。

妈妈担心你喜欢才华横溢的中年男老师。有不少女孩把"师生恋"误认为是爱情，把对父母的爱转移到关心自己的老师身上，并将其误认为是"爱情"。处于青春期的女孩，对异性充满了好奇，有可能误把男老师长辈般的关怀当成对你的好感，从而陷入师生恋。

妈妈还担心你被品德不好的老师伤害。在老师与学生的相处中，学生往往处于被动地位，很容易被品德不好的老师利用。老师在学生心中地位崇高，一旦老师对学生示好，学生会产生受宠的感觉，进而陷入"师生恋"。这其中，不排除个别教师道德品质不好，利用女学生的单纯玩弄感情，甚至有些道德沦丧的老师会对女学生进行性侵害。

亲爱的女儿，希望你能理性看待并远离"师生恋"，正确认识爱情，调整好心态，把主要精力放在对未来的规划上，努力学习，以更加积极的姿态迎接新的生活！

爱你的妈妈

妈妈的5个忠告

忠告1 “师生恋”，害人害己

“师生恋”害人害己。同“老少恋”一样，“师生恋”绝大多数也不会有好的结局。这是因为：

(1) 少女的思想和情感尚处于幼稚阶段，对老师的背景、性格等各方面缺乏了解和判断，多半是一时感情冲动，盲目性很大。有的恋情来得的确热烈，但由于缺乏现实基础，很难持久。

(2) 学生时代谈恋爱容易分散精力，影响学业。一个很有发展前途的少女有可能由于和老师谈恋爱又不为周围的人接受，感情受挫而无心学习，使学业荒废，甚至辍学。

(3) 如果老师已有家室，扮演不光彩的“第三者”角色，会遭到父母和学校的反对、社会舆论的谴责、老师妻子的怨恨，这几种压力会使女生难以在社会上做人。

(4) 老师中个别心术不正和行为不轨的人，利用少女的天真幼稚，以关心学业、辅导功课为名，行玩弄占有之实，这不是在“恋”，而是在骗。

由此可知，“师生恋”凶多吉少。师生之间的情谊因为真诚而美丽，有无数师生间动人的美好情谊在社会上流传。如果你的心灵深处也产生了对老师的崇敬、倾慕，那么请你珍惜，不要用非分的欲念和失误的行为去玷污它。一旦师生情谊变成了师生恋，就失了它的美好与纯洁性。

忠告2 正确处理师生关系

正确认识和老师的关系，理解良师益友的含义。老师与学生之间的关系是特定社会环境下的人际关系，古人云：一日为师，终生为父。在与老师的交往中正确定位自己的“孩子”角色，理解良师益友的本质内涵，保持思想认识上的独立性。

把握交往尺度，明白老师是面对所有学生的，老师对自己的“好”，是因为他是老师，老师对学生的关心和爱护，不是异性间的关爱。遇到有才华的老师要多请教，尊年纪大的老师为父亲，年龄相仿的老师以兄长相待，不要有丝毫其他的想法。

对老师要有礼貌，尊重老师的劳动成果，理性回馈老师的善意提醒和热情帮助，无论在公共场所还是偶尔相遇，要主动与老师打招呼，友好问候，由衷感激老师的辛勤付出。

忠告 3 正确交往，大方得体

在与男老师的相处过程中，必须把握好与老师交往的尺度，树立良好的交往动机，时刻以学业为重，抛弃杂念，潜心攻读，虚心请教。

与男老师的交往过程中，要保持适当距离。语言表达稳重，注意着装得体，眼神交流友善，站姿仪态严谨，不宜与男老师频繁单独交往或长时间闲聊。

在路上遇到老师，要主动点头问好，面带尊敬的笑容，不要凝视男老师。

上课时，要专心听讲，不要长时间注视男老师，专心看黑板或教材。

在办公室，看见老师要鞠躬敬礼，越是尊重老师，老师越不会产生非分之想。

和老师讲话应大声、率真，不要腼腆；言行举止端庄大方，不轻浮。

在与男老师相处的过程中，一定要把握分寸，严守师生之道，绝不能越界，否则，会影响你的学习、生活。要以学习为重，不要有其他的想法与目的。

忠告 4 抵制诱惑，果断拒绝

男教师向自己表达爱意时，要果断拒绝。如果拒绝多次他还不死心，胡搅蛮缠，就要告知家长和学校领导。

教师队伍也良莠不齐，对个别以学业辅导、考试过关、保优推荐等为诱饵，欲图谋不轨的教师，女生应有自我保护意识，勇敢说NO。初中、高中女生面对品行不端的男老师单独补课等特殊关照，要考虑到其中的危险，宁可不要补课。

与口碑不好的男老师进行学业或生活方面的交谈时不要单独进行，对于明确要求单独面授的教师邀请，可以婉言谢绝，或告知已和同学在一起解决了这些难题。实在推脱不了，可以找个同学一起去。绝对不能单独一人去男教师宿舍，可以用“我晚上一个人害怕”等理由拒绝，或白天人多的时候再去男教师办公室。

忠告5 提高警惕，法律维权

如果知道教师有非分想法，一定要当做大事处理，及时告诉父母、亲人和朋友，寻找长久对策，彻底化解。如果受到老师的胁迫时，要谨记保存证据（比如录音），及时向学校领导反映并报案。

对言语威胁、动手动脚或对你施暴的教师，要第一时间报警。不要害怕打击报复，他终会受到法律的制裁。

7、社交，安全第一

妈妈听到的故事

一生抹不去的伤疤

小米来自农村，性格孤僻、内向，她觉得班上的同学都瞧不起她这个从农村来的“穷学生”，也怕同学们笑话她的父母是农民工，因此十分自卑，不愿与周围的同学交流。

小米总想摆脱自己的身世，因为她觉得难堪，所以她很看不起父母，总想和他们拉开距离，她总想着自己有一天能够成为有钱人。为此，她常常坐在学校假山旁的凳子上发呆。

她的发呆，引起了一个男人的注意。这个男人叫小兵，看到小米一个人坐着发呆，小兵关切地问道：“小妹妹怎么了，不开心吗？”刚开始小米并不愿理睬这个陌生的男人，但小兵却没有因为她的冷漠而停止对她的“关怀”，而是向小米讲起了他的“故事”。他对小米说，我以前和你一样，也喜欢坐在一个地方发呆，我总觉得我身边的同学看不起我，而他们看不起我的原因，就是因为我穷，所以我很努力地赚钱。听到和自己相同的感受，小米开始有了兴趣，表示愿意和小兵交谈，临走前，小兵留下了自己的QQ号。

晚上回家后，小米迫不及待地加了小兵的QQ号。小兵以一个大哥哥的身份关怀着小米，让小米打消了对他的戒备，小米也乐于把自己的事情跟他说，她说自己在班上是如何自卑，如何让人瞧不起，如何感觉被人嘲笑，多么讨厌自己没钱，多么希望能够成为有钱人。小兵不停地安慰她，也不停向小米讲述着自己的经历。一天，小兵对小米说要带她去赚钱，还承诺小米一定会实现发财梦，欣喜的小米以为自己的贵人来了，迫不及待地问什么时候带她去实现梦想。小兵劝她退学，说跟着他可以赚很多很多钱。

在利益的诱惑下，小米跟着他走了，什么也没有留下。

小兵把小米带到一个出租屋，告诉她好好休息，明天就带她去赚钱。听到这话，小米很兴奋，大喊："我要赚钱啦，我要赚好多好多钱啦！"慢慢地，她进入了梦乡。这天晚上，她做了一个很开心的梦，在梦里，她成了一个"白富美"，穿着名牌，拿着iphone5，昂首挺胸地从同学身边走过，同学们满脸崇拜地对她说道："哇，你好时髦啊，我羡慕死你了。"同学们也不再瞧不起她，而是争着和她做朋友；父母也不再是农民工，他们都住进了豪宅，过上了有钱人的生活……

"快起来，快起来，出去赚钱了！"还在梦中的小米被一阵急促的叫声吵醒，一听到"赚钱"，小米很快穿好衣服，开心地跟着小兵坐上了客车。

小兵将小米带到了另一个出租屋前，看到出租屋前的三个男人，小米很奇怪地问道："他们是谁啊？"小兵说："和我们一起赚钱的人！"随后，小兵上前和其中一个男人说了几句，小兵看着小米笑了笑："小米，和我一起进去！"毫无戒心的小米跟着小兵进了屋，她不知道，自己就这样进了一个"魔窟"。

进入出租屋后，小兵突然将小米绑了起来，小米拼命地挣扎，大声地叫喊，小兵狠狠地打了她一巴掌，"叫什么叫，再叫我打死你！"说完，小兵将小米扔在了地上，便出去了。小米突然意识到自己被骗了，她不停地哭，哭着哭着，她发现房间里还有一个人，这个人的头发湿漉漉的，凌乱地散落在肩上，她的衣服凌乱，还一动不动，如死人一样。看着这些，小米更加害怕了，她拼命地叫着"放我出去，放我出去！"外面的男人很生气地进来将她打了一顿，恶狠狠地说道："你再叫，老子弄死你！"男人出去后，小米哭喊着："爸爸妈妈，快来救我，我好怕啊，爸爸妈妈，我错了，你们快来救我啊，快来啊！"

不知过了多久，一个男人进来强迫小米喝下一杯水，喝完后便将她带上一辆面包车，小米在车上昏昏沉沉地睡着了。醒来时，她已经到了另一个地方，一个很陌生的地方，旁边站了一个中年男人和一位老太太。老太太用严厉的口吻对她说道："以后你就是我儿媳妇了。不要想着逃跑，好好地在这呆着，不然，有你好看的！"小米这才知道自己已经被卖了，被卖到一个山沟沟里给一个不认识的男人当媳妇。后来的日子，只要抓到机会，小米就会跑出去，但每次她都会被抓回来，抓回来后就是一顿暴打。

小米失踪后，她父母向警方报了案，在警方的帮助下，小米的父母找到了被贩卖的小米以及人贩子小兵，此时的小米悔恨不已，悔恨自己的发财梦。据小兵交代，他们是一个庞大的人贩子组织，观察小米很长时间了，他们觉得小米是个“合适”的人选。因为她不满现状，急于求成，喜欢做发财梦。虽然小米被解救了出来，可这次的经历却给她留下了很深的伤疤，让她一生都抹不去的伤疤……

妈妈的担忧

亲爱的女儿：

你考上了理想的大学，将要进行人生中的第一次远行，妈妈既感到欣慰，又对你的安全有些担忧。一直在校园的你心思单纯，天生感性，很容易对复杂的社会做出错误的判断。由于缺少社会生活经验，你容易轻信坏人的甜言蜜语，进而上当受骗，你可不能重演小米的悲剧啊。

妈妈担心你在实习时受骗或遇到图谋不轨的人。有新闻报道：一成都女大学生实习做伴游遭遇老板裸照敲诈：该女大学生实习做伴游，不幸掉进“伴游公司”老板和客户联合设下的陷阱，被强行拍下裸照，屡次遭遇敲诈。还有的女大学生实习竟然被绑票！

妈妈担心你在社会实践或兼职中被骗。一些女大学生性观念开放，认为做“兼职裸体模特”赚钱多，何乐而不为。但摄影师鱼龙混杂，搞不好，就会误入“色情活动”的陷阱，追悔莫及！

妈妈还担心你家教时受到伤害。“家教”原本是个挺不错的兼职。但如今，已有些变味了。妈妈听说有女大学生做家教，惨遭男家长强暴，而且此类事件并非个案。所以，千万小心别“羊入虎口”，否则得不偿失啊。

妈妈还担心你受朋友邀请出去玩，认识另外的朋友，这个人可能会骗取你的信任，以和你已成为朋友为借口，对你骗财骗色。

妈妈担心你在火车站或路上遇到陌生人搭讪被骗。有些骗子会假装成警察查看证件，也有假装兜售车票或带你去乘车，甚至装成热心肠攀老乡帮你找工作等等，对此，也要留一份戒心。

妈妈担心你在大街上碰到向你求助却骗你的人。有人说自己是外地人来出差，但是钱包被偷，想借你的手机给他的熟人打电话。若你把手机借给他，他往往会一边假装打电话，一边趁机溜走。

妈妈希望女儿要具有基本的心理防范意识和明辨是非的能力，这样才不至于上当受骗；希望女儿不要轻易泄露自己的隐私，给违法犯罪分子以可乘之机。

亲爱的女儿，人的一生总是不平坦的。特别是对像你这样涉世未深的女孩，罪恶的手有可能随时伸向你们。你要时刻保持高度的警觉，分清好与坏、是与非。在大学的学习生活中，依靠集体的智慧和力量解决困难。

祝我亲爱的女儿幸福开心一辈子！

爱你的妈妈

妈妈的8个嘱托

嘱托1　贪恋之心不可有

光明正大，不贪小利。女孩有了贪恋之心，就无法抵御社会上的所有诱惑；没有贪恋之心，一切的诱惑都可以被拒之门外。为此，女孩一定要自重，时刻注意自身的形象，要消除贪小便宜的心理，思想作风方面要做到清纯正派，不要靠色相来获取个人私利。女孩本身的个人心理行为缺陷会导致自己成为受害者，如果一时贪恋，占了小便宜，就给了心怀不轨的人提出过分要求的机会，“吃别人的嘴短，拿别人的手短”，长此下去必然会付出沉重代价。对自己爱慕或者追求自己的人都不应提出过分的要求，这才是对爱的一种尊重，也是对自身人格的尊重。

嘱托2　防人之心不可无

在诚恳待人的同时要有一定的防范心理。对于不熟悉的人，哪怕他表现得像个好人，也不能认为他就是好人；熟人也要提防，知人知面不知心，多长个心眼，凡事多往坏处想想，多和他的朋友聊天，不经意间可能获得更多的信息，不要盲目轻信别人的承诺、誓言之类的甜言蜜语，要善于根据实际情况分析，做出自己的判断。

总之，凡事要经过大脑思考，对任何人，都要有自己的认识。要懂得判断，不要让自己陷入万劫不复的境地；在人际交往中，要摆正自己的位置，学习前人优秀的处世之道。

嘱托 3　朴素大方不可忘

女孩保持本色才是最美的。不要刻意追求打扮，要大方得体。如果想使自己变得朴素大方，可以从穿衣搭配上来改变自己的气质。最好选择颜色淡雅、清新，样式简约脱俗的衣服，切忌穿紧身衣或过于暴露的衣服。

生活上要俭朴，作风上要稳重，不要随意向异性撒娇，以免异性有非分之想。俗话："说相由心生"，一个人所表现出来的气质与她的内心世界是有很大联系的。

嘱托 4　同情怜悯不滥施

女孩由于心地善良，心思单纯，很容易同情怜悯他人，而现在很多骗子就是利用女孩的同情心来实施诈骗犯罪。当有陌生人向你借东西时，尽量理性拒绝；陌生人向你借手机时，你可以说自己手机忘带，或者给他一元钱让他打公用电话。在大街上，贵重物品尽量不要外露。

要坚信在这个社会，只有弱者才倚赖他人的怜悯和同情，真正有人格的人宁愿选择独立，不求施舍。

嘱托 5　家教遇骚扰有妙计

女生做家教前要仔细了解主顾家的家庭情况：如必须是给主人的孩子补课；不要去别人租住的房子做家教；还可以跟主顾的妻子套近乎，留下女主人的电话号码；给单身男人的小孩做家教更要警惕。

给小孩做家教应注意：

(1) 通过正规渠道，寻找合法中介。

(2) 不因求职心切而放松自我保护。

(3) 初次见面要谨小慎微。

(4) 坚持试讲，观察是否真心请家教。

(5) 尽可能避免晚上进行辅导。

(6) 合理选择家教地点。

给成人做家教时还要注意：

(1) 要求其留下具体的工作单位、地址和联系方式。

(2) 学生最好是女性。

(3) 如果对方提出晚上授课，可以拒绝。

如果遇到男主顾有非分之想时，可以开玩笑地对他说："如果你碰了我，一年要给一千万；要不我就嫁给你！"如果对方还是言行不轨，应当迅速离开，终止家教。

嘱托 6　实习实践防被骗

对于提供的兼职、实习、打工单位，经过调查，确认是正规单位再去应聘。面试时，对提出过分要求的男上级，一定要一口回绝。对提供兼职、实习、打工的单位，一定要仔细考察，如果提供高薪又轻松的兼职工作，一定要谨慎。天上不会掉馅饼，掉下的一定是陷阱。

嘱托 7　"熟人"也要留心眼

不随便搭乘熟人的便车，不要理所当然地接受别人的殷勤，对男同学也要防范。女生不要和曾有性暗示或不熟悉的男士夜间外出，不要和陌生人太亲热，不要和不相识的男士走得太近，不要贪图小便宜；对无意接受的求爱不要闪烁其词，误导对方，否则轻则惹上纠缠不清的麻烦，重则酿成悲剧。不要单独去酒吧，即使和朋友一起去，也要保持警惕，尤其要注意自己的饮料，如果没喝完而不得不离开，回来后就不要再喝，或者一直带在身边，即使去卫生间也带上，以防有人往饮料里放迷魂药，然后加以伤害。

嘱托 8　结交朋友重品行

在交友时要观察朋友的人品和道德修养。女生在与网友或其他朋友交往过程中，要注意对方交往的目的，留意对方日常言行中表现出来的人品、道德修养。如发现对方时常有过分亲昵、挑逗等言行，或发现对方品行不端、手脚不干净，要及时果断地终止来往。在交往时，要经常提醒自己，不要轻信甜言蜜语，不要单独跟新朋友去陌生的地方；控制感情，不要在交往中表现轻浮，不要饮酒，不接受贵重的馈赠，无论什么人邀请，都不要出入色情场所。

8. 遇色狼，斗智斗勇

妈妈听到的故事

美少女遇害记

小娟今年15岁，读初三，是个活泼漂亮的小姑娘，在学校里颇受男生欢迎，无论走到哪里总是众人目光的聚焦点。

有段时间她发现上学的路上总有一个男人盯着她看。由于习惯了别人欣赏的目光，所以她并没有将此事放在心上，偶尔当目光相遇时，她还报以微微一笑。一天晚上，上完晚自习后，突然下起了雨，而且还淅淅沥沥地下个没完，由于小娟没有带伞，只好站在校门口等父母来接她。看着同学们都陆陆续续地回家了，小娟焦急万分。那晚的夜出奇的静，只有雨声滴滴答答，也没有月亮，黑得伸手不见五指……

突然夜幕中走来一个撑着雨伞的男人，看到小娟一个人站在门口，他急忙上前询问。问清原委后，他声称是学校的老师，表示愿意送她回家。

单纯的小娟信以为真，加上在学校附近的多次相遇，更让她相信这个男人是一名老师。她不停地表示感谢，便和这个陌生男人共撑一把伞向她家走去。

一路上他们边走边聊天，男人询问小娟的学习情况，如同老师对学生的关心。然而小娟丝毫没有注意，在他们聊天的同时，他们走的路已渐渐偏离了她回家的方向。当她突然醒悟时，他们已经来到了一个十分偏僻的地方。她刚想提醒“老师走错了”时，男人突然变成很猥琐的模样向她扑来，将她按倒在地，撕扯她的衣服。小娟拼命挣扎，大喊“救命”，男子用手捂住小娟的鼻子和嘴，并掐住她的喉咙……外面的雨仍然淅淅沥沥地下着，像极了一个十五岁的花季少女洒落的泪滴。

从此，小娟终日以泪洗面，沉默寡言，神情恍惚。经医生诊断，她患上了抑郁症，不得不休学一年。

妈妈的担忧

亲爱的女儿：

美丽并不是一种错误，只是美丽有时也会带来麻烦。小娟的故事不正是如此吗？只有学会保护好自己，才能永远守护你的美丽，所以女儿一定要学会好好保护自己，这是妈妈最大的心愿。

妈妈担心你在公交车上遇到色狼。美丽的女孩在哪里都是吸引人的，所以你在任何地方都不能放松警惕，尤其是在拥挤的公交车上，你一定要防止那些图谋不轨的人，他们往往利用狭小的空间，伺机靠近，从而动手动脚，所以越是拥挤，你越要提防。

妈妈担心你夜归时被色狼跟踪。妈妈时常提醒你不要在晚上走偏僻的小路，因为色狼总是喜欢利用黑夜作掩护，一旦有机可乘，便会出来欺骗女生，伤害女生。女生身体柔弱，反抗能力差，往往使色狼的恶行得逞，事后利用手里有裸照等手段进行反复侵犯。女儿，妈妈的这些话并不是毫无根据的，很多悲惨的事实就发生在我们周围，妈妈不希望你受到伤害。

妈妈还担心你去酒吧、夜总会之类的娱乐场所，受到伤害。这些娱乐场所通宵营业，鱼龙混杂，在重重夜幕下，怀揣着不同目的的人来这里“各取所好”，为了避免伤害，学生最好远离这些地方。

最后，妈妈还担心在社交过程中，别人在你的食物、饮料中做手脚，在找兼职时不了解情况而误入色情场所，这些细节你都要注意，以免“因小失大”啊。

妈妈希望女儿健康成长，把握年轻的美好时光，努力学习，不断加强自身的修养，用实力去征服周围的人，做一个坚强聪慧的女孩。亲爱的女儿，你就如含苞待放的花蕾，妈妈希望你慢慢锤炼抗击风雨的能力，希望你能美丽绽放！

爱你的妈妈

妈妈的 9 个妙招

（一）预防篇：

妙招 1　衣着大方，举止得体

三种女孩最易吸引色狼：第一种是衣着性感举止放纵的；第二种是文弱胆小落单的；第三种是贪图小便宜、渴望异性关爱的。避免做这三种女孩，应在穿衣上选择合体大方的款式，在人群密集的公共场合，尽量避免暴露或过于惹火的衣着，以免引起色狼的注意。要有正气，性格要表现得坚韧不拔，举止磊落大方，让色狼有贼心没贼胆。

妙招 2　眼观六路，耳听八方，少行夜路保安全

避免行夜路，外出夜归应乘坐正规营运车辆，上车后电话家人或朋友告知自己乘坐的交通工具车牌号；步行则应多结伴，结伴要至少三人，选择明亮行人较多的路线，切不可选人烟稀少光线暗淡的小路。不要低头走路，要眼观六路，耳听八方。遇到尾随或陌生人搭讪，不要害怕，先当没看见一样避开，如对方继续则大声呼叫，并电话报警。

妙招 3　单独约会告亲友，遇到危险急呼救

对于男性师长单独约谈，应提前告知家人或朋友。如对方选择地点为独立空间，则需约好友同去并告知对方，自己有大嘴巴的朋友，她会告诉全世界的人，让色狼投鼠忌器。如对方行动轻佻，应立即离开并呼救。

妙招 4　出租车拒黑的，后排坐，车门锁

不要坐黑的。坐出租车要把车牌号发给好友，坐的士不要坐前排，要坐后排，手机要保持畅通。把后车门锁上，插栓拴上，防止司机停车后施暴。

（二）智斗篇：

妙招 1　第一时间发出求救信息

在手机里编好求救信息，并预存，一按快捷键就可以发送出去。遇到色狼行凶时，寻找机会，第一时间把求救信息发送出去。

妙招 2 沉着冷静巧斗智

遇到色狼施暴时，一定要沉着冷静，巧妙周旋，抓住时机，等待救援。

(1) 缓兵之计。可以对施暴者说，“你不要强迫，这样强迫没有意思，慢慢来……”趁他放松警惕之时，一招打中要害，迅速致对方于“死地”。

(2) 巧布迷魂阵，声东击西。色狼欲施暴时，看着后面大喊，“后面有人！”等色狼回头看时，击中要害。

(3) 哄骗法，寻找时机求救援。

①遇“狼”时大声喊“抓小偷”，他肯定反驳自己不是小偷，你就可以说“不偷东西，你怎么一直往我身上贴”，让“狼”无地自容。

②对不法分子谎称自己有艾滋病、乙肝、肺结核等传染疾病。

③骗他。说“我拨了 110，5 分钟就到。”趁他心虚时利用一切机会发送求救信息。

(4) 套他。即使色狼强奸既遂，也不可轻易放过（有些受害女性到此时就彻底放弃反抗了），可以采取“套”的办法将其制服。如一位女生被害后哭着说“这么一来……我连对象都没法找了……你要是没有对象，咱就……”次日晚，当色狼去找她“谈情说爱”时，被早已等在那里的公安人员抓获。

妙招 3 抓住要害，一招制敌

灵活运用随身携带的物品保护自己，尤其是夜间行路。女孩的大串钥匙从指缝中穿插而出握紧了就是非常有力的防暴工具；书包、雨具、文具、卷起的杂志必要时都是可以保护自己的贴身武器。

“手脚并用，就地取材”，大部分色狼都是色厉内荏的，及时机智的反抗能很好地保护自己。要害部位一是眼睛，二是裆部。留意环境，可以用沙土等粉末颗粒物质投撒色狼面部，或踢踹色狼裆部，都是脱困一时的好办法。

在公交车上，上车后若发现有可疑的人，与之保持距离，或用书包雨伞之类的随身物品进行隔挡。另外可以找点小别针之类的东西带在身上，如果有色狼靠近的时候就用“暗器”制敌。遇“色狼”时用高跟鞋后跟踩他的脚，再说一声“对不起噢”。目前女性时尚凉鞋的设计，鞋尖跟细，是对付在公交车上“揩油”的色狼的最佳武器。

妙招4 “三喊三不喊”

女生在遇到色狼的时候，有一个“三喊三不喊”的原则。“三喊”就是：有朋友在旁高声喊，白天高峰高声喊，旁有军警高声喊。也就是说在男友在的时候，坚决要让男友知道，有几个女性朋友在一起的时候，几个朋友一条心，再大的困难也不怕，这时候要喊；在白天人流比较多的时候，高峰的时候要喊，人间总是会有正气的；在有军人警察在的时候，他们看到有女孩子遭遇猥亵和性侵害时，会挺身而出的。

“三不喊”就是：天黑人少慎高喊，孤独无助慎高喊，直觉危险慎高喊。也就是人很少，天色很暗的时候，一定不要高喊，这样容易引起犯罪分子激情伤人，甚至激情杀人；一个人孤立无援的时候不要高声喊；直觉有危险的时候不要高声喊，女孩从小就要培养这种直觉，喊和不喊要有一个判断标准。

（三）惩戒篇：

妙招1 认清特征，及时指证

受到色狼不法侵害时，女生应当睁大眼睛，牢记色狼的面部和体态特征，多记线索，以便在报案时（一定要争取在24小时之内）提供给公安人员。某地区有一名女生，遇害时牢牢记住了犯罪嫌疑人的脸面。她在随公安民警侦破此案的路上遇到了这名色狼，当场指认出来了。

在学校、社会的生活中要提高警惕。千万不要相信色狼的甜言蜜语和哄骗，骗子终归是骗子，他的心里是虚伪的，一旦心理防线被攻破，骗子就露出了原形。有的色狼威逼利诱，利用女孩不敢张扬、担心报复的心理更加肆无忌惮地疯狂作案，伤害更多的女孩。这时你一定要敢于站出来指证色狼的罪行，使他受到法律应有的惩罚，做有正义感的女孩。只有大胆地同违法犯罪行为作坚决地斗争，才能让更多和你一样的女孩免受侵犯。

9. 异性合租，三思而行

妈妈听到的故事

合租的梦魇

“快看，她就是合租被强奸的女孩！”低头走在校园熙攘的人群中，小芳神情漠然。羞耻与讥讽的相随，痛苦与悔恨的交织让身心疲惫的小芳再也无暇顾及周围人的眼光。她捋了捋额前长发，步履匆匆向行政楼奔去。她要随父母办理退学手续。

平时文静的小芳，各方面表现都很不错。可是让老师和同学都不敢相信的是，这个平时大家公认的好学生，竟然突发奇想和异性合租，最不幸的是她竟然被强奸了。一时间，小芳被强奸的事在校园里如静水投石，闹得满城风雨。

小芳来自东北，两年前考上武汉某大学。她性格内向，很不擅长跟同学打交道，她在寝室和室友相处不好，便决定去校外租房。但是房租太高，让她有点负担不起，于是她想和人合租。因为想着和女生合租在日后的相处中可能会有摩擦，加上自己就是因为在校内和室友有矛盾才搬出来住的，于是她选择了和异性合租。心动不如行动，没过多久，她便在网上发布了合租的消息。应租的人五花八门，很多人给小芳的印象很不好，所以小芳都觉得不合适。随后没多久，阿刚来应租，小芳抱着试一试的心态跟他见了面。小芳看他白白净净的，温文尔雅，对他的第一印象很不错，就答应与他一起合租。

“毕竟是男女合租，一开始我很小心。每晚睡觉前，我都会反复检查自己的房门是否锁好。”小芳说。可随着时间的推移，小芳觉得这个男人是她在这个陌生城市唯一的温暖，在她最脆弱的时候阿刚就像大哥哥一样陪在她身边，与她分享快乐共担痛苦。对小芳来说，阿刚就像是上天送给自己在异地他乡的一个亲人，填补了心中最脆弱的一角。毕竟小芳年纪轻轻，没有什么社会经验，加上她性格内向，小小年纪离开了父母，来到外地读书，在陌生的环境中很需要有人呵护。阿刚已经参加工作几年了，有一定的社会经验，对小芳照顾有加，给小芳的印象极好，把他当哥哥一样看待。

"就是把阿刚当作哥哥，我才逐渐放松了对他的提防。"说到这里，小芳双眼已满含泪水。"小芳，开门！"晚上11点多，刚刚熄灯准备睡觉的小芳匆忙披了件外套打开公寓大门。满脸通红的阿刚摇晃着走进房门，浑身散发着一股浓郁的酒气。"哥，怎么喝成这样啊？"小芳边说边上前扶住跌跌撞撞的阿刚。此时阿刚原形毕露，像一匹饿狼向小芳扑来……沉寂的午夜，撕心裂肺的呼救最后剩下的只有绝望。

那个凄凉的夜晚，她用泪水熬到天亮。头脑一片空白的小芳只有一个念头，那就是逃，逃得远远的，永远不要再见阿刚，永远不再合租，忘掉这段可耻的记忆。她强撑着疲惫的身体，趁阿刚还未清醒之际赶快逃离，回到学校，回到那久违的家，她需要一个安全的地方静静疗伤。

"我是个坚强的女孩，给我点时间，结束这段合租，抹掉记忆中那个夜晚，其实我的生活可以重新开始。"小芳默默念道。人生就是这样，希望常在，但现实却总爱打破希望。"小芳，打5000元钱到我账户上，否则哼哼，那晚我偷拍了录像。"电话那头，阿刚那猥琐的笑声如晴天霹雳，让人崩溃。"那一刻，我发疯似的丢掉电话，但幼稚的我早已将全部信息告诉了阿刚。欲哭无泪，那一刻我真的好无助。"小芳的情绪有些激动了。"不给他打钱，他会怎么做？他会将视频放在互联网上？会在校园贴大字报？那晚的遭遇公之于众后的场景一直在脑海中浮现。可我真的没有那么多钱啊，死，或许是最好的解脱。"

小芳选择了服安眠药结束生命，幸好寝室一女生及时发现了小芳藏在枕头底下的安眠药并及时向老师汇报。学校对此事高度重视，派心理老师开导小芳，并鼓励小芳报警。丧心病狂的阿刚竟潜至小芳的学校，四处张贴诋毁小芳的大字报，最终被警方抓获。

这件事，一时间使一个内向的女孩一度成为学校的"名人"，无论她走到哪里，都有人指指点点，她听得最多的一句话就是："你看，那就是合租被人强奸的女孩，真是不知羞耻啊。”每次她都是默默地流泪。小芳很害怕很无助，虽然有心理老师开导，但并不能改变大家的看法，她终日忧心忡忡，诚惶诚恐，最后不得不退学。

妈妈的担忧

亲爱的女儿：

故事中的小芳很让人扼腕叹息，好好的一个女孩，就这样被摧残了。你现在在外读书，住在寝室里，有保安、宿管和老师的保护，是最安全的，可千万不要突发奇想在校外租房啊！因为与人合租，会有一系列的问题出现。

妈妈担心在外租房，财产受到损失。现在大学里有很多学生喜欢到校外租房，认为这很时尚，但如果不了解同租伙伴，有可能遇到品德不好的人，使你的财产受到损失。

妈妈担心你与人合租，因为合租费用等问题，而产生纠纷。在寝室里学校统一标准收费，不存在其他的费用，而在外合租却不一样，房租费、物业管理费、水电费等，如果事先没有协商好，很容易产生矛盾。

妈妈担心你在外租房，个人隐私受到侵犯。学生往往防备心理不强，在与人合租的过程中如果稍不留神，就会使你的个人信息被人盗取，有些品行不端的合租者会利用你的个人信息，做一些违法事情，损害你的利益，对你造成伤害。

妈妈还担心你与人合租，使名誉受损。你从小就是个听话的好孩子，是个“乖乖女”。可不能因为一时冲动，毁了一生的清誉。要知道女孩的名誉非常重要，“小芳”的故事就是前车之鉴，你千万不能重蹈覆辙。

妈妈希望你一个人独自在外，要学会保护自己，用慧眼辨别好坏，好好度过美好的大学时光，享受你最美好的青春年华……

爱你的妈妈

妈妈的6个妙招

妙招1 不到万不得已不要合租

女生尽量住学校，不到万不得已不要合租。

按照相关规定，出租房必须到相关部门登记备案，然而实际上很少有房东主动进行登记，特别是异性合租大多没有在相关社区进行登记，一些租户相互间也不了解，所以安全系数很低，很多时候出了事情也找不到责任人。来到大学校园里，本来就身处异地，对周围的环境不是很熟悉，如果在外面租房很容易出事，也增加了父母的经济负担。同时会和同学之间的距离隔得更远，这样在大学里面认识的朋友就少了。

妙招2 尽量找熟悉的人，不与异性合租

如果必须租房，也不要与异性合租，除非是恋人关系。异性合租存在着种种不便，尤其对女生存在潜在危险，最好的办法就是避免与异性合租，以免引起麻烦。建议找熟悉的人，至少要有介绍人，万一发生意外有线索可寻。合租要找同性友人，或两个女孩和一个男孩合租。与合租男性保持一定距离，不套近乎。

合租之前要详细地了解对方的背景和身份，避免与身份不详或者背景复杂的人合租。最好拿着合租者的身份证到就近派出所证实一下，并留一份身份证复印件，以备不时之需。

妙招3 合租费算清楚，达成协议须遵守

合租相关的费用要算清楚，对一些矛盾应有心理准备。合租者要共同承担房租，对对方的经济情况要有明确认识。

在签订合同前，将屋内所有物品列一个《物业交验清单》，注明屋内电器、门窗设施有无损坏。合租前与合租室友达成一个《合租协议》，协议的内容包括：如果租房的相关设备出现故障，维修费用由谁来承担；水、电、气、电话等相关费用是否结清，商定费用的分摊比例；可以带男友或女友回来，但是不能过夜；公共区域的卫生轮流做；必须尊重彼此的隐私；不能养宠物等。若不能遵守，则要承担相应的“违约责任”，以免除日后的口舌争端。

妙招 4　保持自尊，保护隐私

不要穿着太随便、太性感的衣服出入客厅或其它公共地方。女孩尤其要保持自尊和清醒，保持相对独立的空间。公共空间的利用要尽量错开时间，尽量避开在生活方面相互干扰。互相尊重对方，不要干涉对方的隐私。

异性合租，可能有些不法分子利用这个方式，偷窥女生的隐私，进而侵犯女生的隐私，使女生的心理和生理受到创伤。女生要特别注意安全问题，屋里的房门必须要各有各锁，贵重物品要放在隐蔽的地方，不能随意说出自己有多少财物。适当做一些应变准备，如把电话号码告知身边的好友，让好友了解你的居住状况并与他们保持联系，带朋友过来看，与合租方保持必要的沟通，让对方意识到你处于亲友的保护之中。

妙招 5　睡觉锁门，学会防卫

一人在房间时，记住关门，房间的钥匙不要乱放。睡觉时一定要把门反锁，卧室内应放置适当的防卫器械等。

妙招 6　遭遇骚扰速搬离

学会拒绝，如果合租的异性向你提出不合理的请求，一定要坚定地予以拒绝。一旦发现对方人品堪忧，要及时终止合租。异性合租，可能一方带了其他异性回来过夜，会对女生的个人生活造成一定的影响。如果发生这些情况，应终止合同，果断搬离。

第四章 生活安全 给快乐的你

生活是个万花筒，于眼花缭乱之际，女孩能悟出其真谛，这是女孩的成熟；于光怪陆离之中，女孩能辨出其方向，这是女孩的聪慧；于危地险情之中，女孩能寻找救赎的途径，这是女孩的机警。现实给了我们无尽的向往，我们要借青春的翅膀，去寻找属于我们自己的辉煌。这其间的彷徨、迷离，信心流失，误入歧途……都会让我们的青春之花过早凋谢，所谓美好的未来就会成为一个遥不可及的梦。

听听妈妈讲的故事，再听听妈妈讲的贴心话，你就会获得一股成长的力量。

1、居家，安全谨记

妈妈听到的故事

可怕的“修理工”

玲玲从小乖巧懂事，在人们眼中被看作是好孩子的“最佳样板”。人生的花季，本应拥有灿烂的笑容，阳光的心灵，可是这一切随着一场劫难而与她无缘了，发生在家里的入室抢劫，让她明白了一个女孩子在家给陌生人开门是多么危险的行为。

那是暑假的一天，父母都出去了，她独自在家看电视，突然听到有人敲门，“难道是爸妈回来了？”“不，应该不是！他们平时都是晚上七点之后才会回来的，可那会是谁呢？”各种猜测在她脑子里转来转去。

玲玲满腹狐疑地走到门前，通过猫眼看到门外站着一位身穿蓝色修理工作服的中年男人。玲玲回想着爸妈早上出门时的交代，并没有说家里有什么东西需要维修呀。但是看见那人穿戴整齐，手提工具箱，一副很专业的模样，她不由放松了警惕。

“请问你是谁？”玲玲疑惑地问道。

门外的男子毕恭毕敬地站着，微笑地说：“我是燃气公司的修理工。我们公司有规定，每隔一段时间要上门检查燃气管道是否有安全隐患。”玲玲一听，疑惑顿消，马上开门，还将家里的鞋套整齐地摆在门边。

不料，那个“修理工”见门打开了，一步跨进门来，迅速地把门反锁上，随即从口袋掏出一把匕首。之前那亲切、真诚的表情荡然无存，取而代之的是一副凶神恶煞的嘴脸。玲玲大脑一片空白，这瞬间发生的一切令她惊呆了。

男子持刀威胁玲玲：“不许叫！”惊慌失措的玲玲吓得赶紧往卧室逃，

可男子一个箭步窜上去，挡住了去路。玲玲跑到电视机旁，拿起花瓶向男子狠狠地扔了过去，但花瓶没有砸到男子，“哐当”一声摔在地上。慌乱中，她拿起茶几上的烟灰缸砸向男子。男子瞪圆双眼，举刀向她冲来。挣扎中，玲玲感到脸上一阵剧痛，鲜血滴落到地板上……

“修理工”从皮包中拿出绳子将玲玲紧紧地绑在椅子上，并且用胶带将玲玲的手臂捆住，嘴巴封上，咬牙切齿地说：“识相的话，就老实点！”然后发疯似地开始寻找值钱的东西，把房间里的物品扔得满地都是。玲玲从来没遇到过这种场面，吓得浑身发抖。

“修理工”将家里洗劫一空后，迅速地逃离了现场。

因为受到了极大的伤害和惊吓，这次不幸的灾难让玲玲病了半个月，脸上留下了一道永久的伤疤，也给她原本快乐的青春留下了一道无法愈合的伤口。

妈妈的担忧

亲爱的女儿：

看了这则故事，我想你一定很震惊也有些害怕。你震惊玲玲在家里好好待着也会出现意外，害怕自己以后在家是不是也不安全。妈妈要告诉你，我们的家是温暖的也是安全的，只是幸福和安全需要我们共同来维护，需要我们谨慎对待发生在我们身边的每一件事。

亲爱的女儿，你现在慢慢长大了，妈妈的担忧也在与日俱增。

妈妈担心你缺乏分辨能力，不能分辨出好人和坏人。坏人的脸上可没有写字，所以不要轻易相信陌生人。许多坏人很会伪装，他们可能会冒充修理工、水电工、物业管理人员，也可能会冒充爸爸妈妈的同事或远房亲戚，让你帮他们开门，这都是十分危险的。

妈妈担心你一个人在家时不注意用水、用电、用气的安全。我们家住的小区，经常会发生停水的状况，如果你停水之后不关好水龙头，再来水就会导致家里“水漫金山”，电器、电线被水浸泡之后容易漏电，非常危险；洗菜、洗手之后不擦干就去触碰电源或开关，也容易触电；家里电器很多，如果不正确地使用电器，很容易引发危险，如微波炉、电压力锅的使用等，不正确操作可能会引起爆炸；使用燃气之后，如果忘记关阀门，容易引起燃气泄露，严重的泄露甚至会危及生命安全。

宝贝，妈妈经常加班，把你一个人留在家里，其实妈妈心里特别担心。妈妈担心你一个人在家不能很好地照顾自己。你比较粗心，睡觉时不注意反锁房门，窗户也经常不关，衣物总随意地放在窗边，这都是很容易给犯罪分子留下机会的。

除了这些以外，宝贝，家里的一些小细节你若不注意也会发生一些意外。洗澡时门窗关得过严，洗的时间过长，都有可能引起晕厥。另外，你喜欢养宠物，妈妈也很担心，现在是春天，正是病菌繁殖的高峰期，妈妈担心你在养宠物的时候，不注意卫生会被传染疾病，也有可能会被宠物咬伤。

其实，说了这么多，宝贝，妈妈最大的心愿，就是希望你能安全。希望我的女儿能够永远幸福安康。

爱你的妈妈

妈妈的4个忠告

忠告1　独处莫忘关门

女孩一个人在家要关好门窗，养成随手关门、随手锁门的好习惯。即便是出门倒垃圾、晒被子短暂离开也一定要记得锁门。一时的大意可能就给犯罪分子留下下手的机会。晚上睡觉门要反锁，窗要紧扣。即使天气热，就寝前也要关好门窗，拉好窗帘，不能疏忽大意，特别是住在一楼的女生，要防止他人偷看和进入室内作案。发现门、窗、锁有问题要及时找人修理，不留安全隐患。

忠告2　独处机智开门

(1) 有人敲门要“一看、二问、三听”。一看，先透过猫眼或可视门铃查看是否认识，不认识的对象坚决不开；二问，即隔着门询问对方，不论对方有什么理由，在不能判断是否安全的情况下，门不能打开，在询问的过程中发现对方意图不轨，要立即报警；三听，细听门外的动静，若有异样，坚决不能开门。

(2) 如果遭遇自称是亲友或由亲友派来接你的陌生人敲门，一定要仔细辨明，可以跟亲友打个电话询问是否属实，不属实不能开门。若一时无法联系上亲友，可以推脱说已跟亲友联系，目前身体不舒服就不去了。总之，在不确认安全的情况下，坚决不能开门，要避免因为轻信而发生危险事件。

(3) 如果一个人在家，遇到自称查电表、修水电、修空调等人要进门，一律不要开门，或者要求他们更换时间再来。家里东西坏了，若不是十分紧急，不要自己找陌生人来维修，可以等家人回来后再维修。若遇到水管爆裂等十分紧急的事情，可以先给家人打电话，让他们赶紧回家，或者跟小区保安、物业管理人员等相对熟悉的人联系，请求他们的帮助。但要记住，任何人进门都要高度警惕，要提前给家人电话或短信通知。

(4) 如果遇到亲友或熟人带着一大帮不认识的陌生人来敲门，要提高警惕，反复确认，把情况告知家长，确定安全之后才能开门。

忠告 3 严防“不速之客”

(1) 生活上尽量低调，和别人聊天不要暴露自己的钱财和家人情况，小心“第三只耳”。不要佩戴过于贵重的首饰，不要穿得过于华丽或性感。“露富”、“露美”容易引起犯罪分子的注意。

(2) 不要留宿外来人员。不熟悉的朋友或亲友，不要留宿；遇到上门求助的陌生人，可以报警让警察提供帮助。

(3) 发现形迹可疑的人应提高警惕、密切注意，必要时立即向保卫部门报告。

忠告 4 守住财物“关口”

(1) 贵重物品要放在隐匿的地方，不要摆在显眼的位置。现金最好的保管方式是存进银行，切忌将大额现金随意存放在宿舍或衣袋里。节假日长时间外出应将手提电脑、黄金饰品等贵重物品锁在保险柜或寄存在安全的场所。

(2) 各类有效证卡的密码切记要保密。银行卡密码不能告诉任何人，如果银行卡上金额较多，最好办理一个“短信通”业务，有资金转入或转出时可以马上知晓，一旦发现大额资金流失，要赶紧跟银行取得联系。银行卡丢失要立即挂失。

(3) 钥匙要随身携带。钥匙不要随意乱放，不要随意借给别人，以防被别人偷配钥匙盗窃财产。

妈妈的3个妙招

居家生活中，即便是做好了各种防范工作，还是有可能遭遇入室盗窃的事情。当遭遇入室盗窃时，不要惊慌，不要跟歹徒发生正面的冲突，应沉着冷静、机智灵活地应对。

妙招1　沉着应对

(1) 伺机发出求救信号。遇到入室盗窃，可以假装不知道，尽量不惊动歹徒，伺机发出求救短信。女生平时就做好防备，在手机里预先保存一个求救电话或求救短信，可以在遇险时马上发出求救信号。最好家里能安装一个报警设备，在危难时刻一触碰就向外发出求救信号。

(2) 吓退歹徒。发现有小偷伺机作案，可以制造出声响吓退小偷，如故意高声讲话，跟家人打电话等，使有贼心的小偷知难而退。

(3) 拖延时间。求救信号发出后，如果与盗窃歹徒发生正面冲突，要尽可能地与歹徒周旋，为自己争取更多的营救时间。可以跟对方谈判，麻痹对方，也可以利用自己对家里环境的熟悉，想办法拖延时间，如告诉他存折在床底下、在柜子顶上等，这样可以花费较多的时间去寻找。

妙招2　舍财保命

任何时候都要记住，生命是最宝贵的，钱财是身外之物。遇到盗窃，一定要想方设法保住自己的生命，不要贪恋钱财，更不要为了保住钱财与歹徒展开搏斗。必要的时候，告诉歹徒：你可以把钱拿走，但不要伤害我。

妙招 3　暗中记下歹徒特征

在与歹徒周旋的时候，要记住犯罪分子的特征（如身高、年龄、体型体态、衣着、疤痕、口音、逃跑的方向等），安全后及时报警。

妈妈的 4 个小贴士

贴士 1　用水安全须知

(1) 确保饮水安全。

①饮水要注意清洁卫生。不能直接喝自来水；不喝受污染的水，如果发现自来水变色、变浑、变味，应立即停止饮用。如果使用饮水机，要定期进行清洗消毒，保证饮水机卫生；饮水机应放置在干净、通风的环境中。桶装水在饮用前要检查桶盖是否密封，桶盖如果不密封，水容易受到细菌污染；饮用前仔细观察桶内的水质是否清晰，是否有悬浮物，如发现桶内的水中有悬浮物、异物或浑浊时，则说明水质已经受到污染，不能饮用；注意桶装水的生产日期，尽可能饮用近期生产的产品；桶装水有保质期限，一旦开封饮用后，应尽快饮用完，过期不能再饮用。

②饮水要注意健康。要及时喝水，不要渴了才喝水，养成主动喝水的习惯；要喝新鲜水，千滚水和隔夜水都不要喝；多喝温开水，太烫和太冰的水都不要喝，喝太烫的水容易致癌，喝太冰的水伤肠胃，冬天喝 40 ～ 50 度的水，夏天喝 20 度左右的水是比较科学合理的。

(2) 保护供水设施。不要私自挪动供水设施，尤其不要私自移动水表。寒冷季节，应对用水设施采取必要的防冻保护措施。室内无取暖设施的，应在夜间或长期不用水时关闭走廊和室内门窗，保持室温；同时关闭户内水表阀门，打开水龙头，放净水管中积水；室外水管、阀门可用棉、麻织物或保暖材料绑扎保暖，以防冻裂损坏。

(3) 停水之后要检查水龙头是否关闭。遇到突然停水的情况，要迅速检查所有水龙头是否关闭，特别是在出门前，一定要仔细检查，防止来水之后“水漫金山”。

贴士2　用电安全须知

⑴ 正确使用电器。使用电器之前，先阅读说明书或询问父母，要记住电器使用的安全禁忌，不要贸然操作。使用电器时，应先插电源插头，后开电器开关，用完后，应先关掉电器开关，后拨电源插头。在插、拨插头时，要用手捏住插头绝缘体，不要拉住导线使劲拨。使用电吹风、电热梳、电熨斗等电器后，应立即拨掉电源插头，以免导致电器长时间工作温度过高而发生事故。电器起火或冒烟时，千万不能用水灭火，可用沙土或专用灭火器灭火，以防触电。移动电器时，要先断电，千万不能带电移动电器。不私自检修电器、电线或更换灯泡、灯管等，以防触电。

⑵ 湿手不接触带电设备。洗菜或者洗澡后记得要把手擦干净才可以去碰开关、插头等，湿手容易触电，也不能用湿布去擦拭带电的电器。裸露的电线不要触碰，会导致触电。

⑶ 不使用大功率电器，以防火灾的发生。外出时要做到人走电断，尤其是在长时间离家前要仔细检查，切断所有电源。

⑷ 电吹风、电热毯、微波炉、电视、电脑、冰箱等许多电器都是有辐射的，轻则造成身体不适，重则引发重大疾病，女生还有可能因此引发不孕不育症。因此，女孩们不要长时间接触上述物品。比如，上网一小时就离开休息一会。若天气不冷，洗完头发不要用电吹风。冬天不要整晚将电热毯开着，上床之后就将电热毯关闭。

贴士3　用气安全须知

⑴ 培养“人走火熄”的好习惯。如果连续三次打不着火，应停顿一会儿，确定燃气消散后，再重新打火。因为燃具虽未点着火，但燃气已多次释放，遇到明火极易燃爆，使用热水器时尤其要注意这个问题。切勿在无人照看的情况下使用燃具。汤、粥、牛奶、面食等烹煮时容易溢出，一定要小心照看，以免溢出的汤水淋熄炉火，造成燃气泄漏。使用完毕、睡觉前、外出时，应检查是否已关好燃气。如果离家外出时间较长，应彻底切断气源。

⑵ 冷静应对燃气泄露。若发现燃气泄露，首先要迅速关闭燃气的总阀门，或用抹布等物品堵住气源，阻止气体的继续泄漏。同时要绝对禁止一切能引起火花的行为，一旦发现燃气泄漏，不能开灯，不能打开抽油烟

机和排风扇，不能点火，也不能在室内拨打电话。要马上用湿毛巾捂住鼻子和嘴，打开门窗（金属材质的门窗要慎开，防止碰撞出火花），让空气对流，或者跑到空气新鲜的地方去。

贴士4　室内活动安全须知

(1) 防滑、防摔。家里地板一般是比较光滑的，要注意防止滑倒受伤；需要登高打扫卫生、取放物品时，要请他人加以保护，注意防止摔伤。特别是女生穿高跟鞋时，要注意防止跌倒摔伤。

(2) 防坠落。如果家处于楼房的高层，不要将身体探出阳台或窗外，谨防发生坠楼的危险。

(3) 防火防爆。不带汽油、酒精、爆竹等易燃易爆的物品进入室内；如果日常生活中需要用到汽油、酒精等物品时，要小心谨慎，防止安全事故的发生。

2. 消费，莫忘安全

妈妈听到的故事

“免费”的美丽陷阱

小燕是个爱美的女生，喜欢逛街，喜欢化妆，喜欢把自己打扮得漂漂亮亮的。但是小燕最近很烦恼，因为这半年来，脸上总是不断地有痘痘和小红点出现，她想尽了各种办法，可还是不能消除，这让她苦恼极了。

2012 年 10 月 14 日，是个阳光明媚的星期天。小燕和好友在街上采购生活用品时，被几名在美容院外散发传单的女孩叫住。女孩把她打量了一番，吃惊地说道：“你的皮肤问题很大呢！如果再不修复，会加速衰老的！”小燕吓了一跳，急忙询问该怎么办。女孩说她们美容院正在做活动，可以为她免费做皮肤检查，并赠送护肤品一套，如果用了觉得好就再买。小燕被这充满诱惑力的宣传说得动心了，就跟着女孩进了美容院。

一进美容院，里面的工作人员就热情地上前招呼小燕，把她安排在一个单独的小房间里。随后，一个戴口罩的自称是美容师的年轻女子让小燕躺在美容椅上，一边进行美容，一边询问她的家庭状况及父母职业。

美容师介绍说，美容护肤要从年轻开始，年纪大了再做就来不及了。在这里做美容的大多数都是像小燕这样的年轻女孩，很多女孩都说自己的皮肤比以前光滑细嫩了许多。美容师还拿出那些女孩子美容前后对比的相册给她看。一番交流之后，小燕的心踏实了很多，对美容院也增加了几分的好感，心想要是美容院能帮她把一直以来困扰的痘痘问题解决，该多好啊！

“你黑头比较多，我用最近店里销售得比较好的一款面膜给你敷上，你感觉一下效果如何。”美容师说完，在她脸上涂满了黑色的油泥状物质。

美容师接着介绍:“面膜时间可能比较长,你可以闭上眼睛休息一会儿。我出去准备其它工序,一会儿再回来给你检验。”小燕心想反正是免费体验,就爽快地答应了。

小燕小睡了一会儿，醒来，房间里空荡荡的，她觉得有点奇怪，正纳闷时，美容师就笑容满面地进来了。

“时间很久了吧？我都睡着了。”小燕有点不好意思地笑了。

美容师笑眯眯地应道：“是啊，做美容就是要有耐心。”

小燕问：“敷了这么久，可以洗掉了吧？”

让小燕没想到的是，美容师突然换了一副表情，冷漠地说：“洗掉这个面膜可以，但必须购买我们的特殊精油，否则不许离开美容院！”

小燕吃惊地站起来：“不是说免费的吗，怎么还要购买产品？”

美容师面无表情：“我们是做免费检查，包括脸上的面膜。但是要洗掉它需要另外一种精油产品。这个精油很贵，我们不可能免费。那是需要客人付钱来消费的！”

小燕感觉上当了，心想这不是存心“宰”顾客吗？她很生气地说：“那就用水给我洗洗吧，总不会连水都要收钱吧？”

美容师漫不经心地说：“可以是可以，但毕竟不是一套匹配的。这种面膜吸附力比较强，洗不干净容易有残留物质，对皮肤有危害，你本来皮肤就不好，如果变得越来越差，我们可不负责的。你想想，作为女性，我们就应该把自己打扮得漂亮一点，花费一点钱也是值得的。”

美容师一边说一边拿着产品向小燕介绍：“现在这款精油产品在做优惠活动，过了这村就没这店了，对于客户来说是很划算的。”

小燕被说得有点害怕了，生怕自己皮肤会越变越差，想快点洗掉面膜，就问：“那……这个精油多少钱？”

“1300 元！”美容师的笑容又回到了脸上。

“什么？ 1300！这么贵！”这个价格对小燕来说，简直是天文数字。她后悔极了，当初为什么要接受什么免费检查，现在真是进退两难啊！

小燕和美容师争执了许久，对方最终只同意打八折卖给她。眼看天色已晚,无奈之下,小燕只好忍痛花1040元购买了那款特殊精油,才得以脱身。

走出美容院，天上下着毛毛雨，路上行人越来越少，小燕又冷又饿。钱都花在买精油产品上了，身上只剩下几元钱，连生活费也没有了，接下来的日子怎么过啊？

小燕很晚才走回寝室，室友们都在焦急地等她，看到她无精打采的神情和哭红的双眼，赶紧问她缘由。小燕又伤心又委屈，将自己的遭遇一五一十地讲给室友们听。

这件事一传十，十传百，引来了许多同学的关注。大家七嘴八舌议论一番之后，才知道原来有很多同学都遇到过类似的情况，也是碰见美容院免费搞活动，一心动就稀里糊涂地答应做了美容。

听了同学们的描述，小燕惊讶地发现，不少同学都是在这家美容院遭遇过相同的事情，被“宰”的金额少则几百元，多则上千元。大家都觉得这绝对是个消费陷阱，应该果断采取行动，争取自己的权益。

10月18日，小燕等27名受骗学生在老师的带领下向当地报社记者投诉。接到投诉后，记者立即将这一情况转达给该市消费者协会，并与消费者协会一起展开了调查。经过几番调解，最终这家美容院退还了27名学生的美容费，共计7729元。

妈妈的担忧

亲爱的女儿：

故事里的小燕因为接受了所谓的免费体验，掉进了一个消费陷阱里，最后虽然通过维权将自己的钱要了回来，但是这件事情对她的打击是很大的。

宝贝女儿，妈妈担心你遇到强制消费，就像故事中的小燕一样，缺乏自身防范意识，加上身体薄弱，反抗能力不足而吃亏上当。记住，天下没有免费的午餐。

妈妈担心你盲目追求高消费。你的同学里，有些女孩喜欢攀比，比谁的手机更高档，比谁的衣服更时尚……近朱者赤，近墨者黑，如果你交的朋友都一味地追求高消费，追求物质享受，而忽视精神的供养，长此以往，你也会渐渐迷失方向。你现在还是一个学生，正是求学上进的年龄，最应该和别人竞争的是学习上谁更努力，品德上谁更高尚，行为上谁更文明，不要因为攀比一些身外之物而失去生活的真正乐趣。

妈妈还担心你不会理财，冲动购物。妈妈发现你心情不好的时候就喜欢逛街买东西，这可不是一个减压的好方法。有时一冲动就买了很多东西，等平静下来后发现，买来的东西很多都是不适用的，造成了钱财的浪费，结果后悔又自责。在消费的时候，保持理性，多问问自己是不是真的需要。

妈妈最担心你在买东西的时候不能识别假冒伪劣产品。假冒伪劣的商品就是个定时炸弹，指不定哪天会给你造成损害。如劣质食品轻则引起食物中毒，重则导致生命危险。生活用品也一样，如劣质暖手宝漏裂烫伤手指等事故常有发生。学校周边不少流动商贩所售卖的食品和生活用品往往会存在消费安全的隐患，如果买到“三无”产品，出了问题后维权很困难。所以，你以后在购买商品的时候，一定要去正规商店购买，多留心，注意识别假冒伪劣产品，买完东西要把票据留好，方便维权。

总之，妈妈希望你不要追求高消费，养成良好的消费习惯，不被物质所奴役，做一个单纯、朴素的女孩。

爱你的妈妈

妈妈的9个小贴士

贴士1　选择正规商家

选择商家时，应选择明码标价的正规商家，避免权益受不法商家侵害。可以到正规商场和超市去购买，虽然不能讲价，但是供货都是很安全的。对东西的品质，也能够起到一定的保障。这样就不会因为想买便宜货而最后买到了假货。不要在流动摊点或没有营业执照的商家购物，尤其是购买食品类的商品，一定要去正规商家。如果是在网上购物，则应该选择在正规、权威的购物网站购买。

贴士2　慧眼识假货

目前假货泛滥，消费的时候一定要学会辨别。

(1) 学会一些辨别真假商品的基本技巧。比如看商品包装，要仔细地查看包装上的商标、生产批次、厂址、电话、防伪标识、商品条形码等详细信息。如果出现不齐全的现象，就要引起警惕。要学会看质量和价格比，对于一些差距太大的商品，不能贪便宜，而要仔细查看是否属于假冒产品。只要细心，还是可以比对出差别来的。

(2) 注意防伪码和防伪电话。学会利用商品中的防伪码和防伪电话，来识别商品的真伪。根据商品中的防伪提示，来一步一步验证自己手中的商品是否为真品。有防伪电话的也可以拨打，真品的电话是免费的，而且会有清晰的提示。如果打不通，或者打通之后说一些不相关的内容，就可以知道是假冒商品了。也可以通过“315”消费者热线，进行相关的查询。

(3) 平时多听听父母长辈的意见，学习他们买东西的经验和教训。买到假冒伪劣产品，轻则浪费钱财，重则造成人身伤害。

贴士3　过期商品用不得

购买过期商品，在损失钱财的同时，对健康也可能造成损害。在购物时一定要看看生产日期和保质期，特别是食品，食用过期产品容易引起病菌感染或食物中毒。如果不慎购买到过期商品，要立即找商家进行退换处理。如果买回的商品放在家里过了保质期，要立即舍弃，不要因为心疼钱财而舍不得丢弃，最后损害自己的身体健康或造成安全事故。

贴士4　免费“馅饼”吃不得

很多不法商家往往利用女生喜欢贪小便宜的弱点，在销售中采用免费体验、免费试用等方式诱骗女生，轻则损失钱财，重则有人身危险。“免费”的背后，可能存在消费陷阱，天下没有免费的午餐，遇到各种以免费为由诱导消费的事情一定要“明察秋毫”。

贴士5　当心霸王条款

公平、自愿是消费的基本原则。若在消费中发现霸王条款，如“一旦售出概不退换”、“买手机必须要买某家公司的手机卡”等，一定要认清并明确拒绝，可以选择到其他商店购买，多走几家商店总会买到物美价廉的商品。

贴士6 强买强卖巧应对

女生在消费时容易遇到不良商家强迫消费，面对这种情况，要学会保护自己的权益，同时也不要跟商家发生正面的冲突，通过一些婉转的方式及时脱身。例如：跟商家说自己的钱没有带够、商品不适合自己等。如果商家坚持让你交钱，你可以巧妙与之周旋。如以上厕所、在包里找钱包、拿钱等为由，利用时机发短信向亲友求救或报警。女孩一定要记得随身携带手机，方便遇险时第一时间发出求救信号。如果强买强卖的事情无法避免，损失钱财以后，要马上报警或向工商部门投诉，寻求帮助，保障自己的权益。

贴士7 留意假币

(1) 学会识别钱币真伪。购物时，对商家找零的钱一定要仔细辨认。识别人民币真伪，通常采用“一看、二摸、三听、四测”的方法。

一看：①看水印。第五套人民币各券别纸币的固定水印位于票面正面左侧的空白处，迎光透视，可以看到立体感很强的水印。②看安全线。第五套人民币纸币在各券别票面正面中间偏左，均有一条安全线。③看票面图案是否清晰，色彩是否鲜艳，对接图案是否可以对接上。

二摸：摸人像、盲文点、中国人民银行行名等处是否有凹凸感。用手指触摸这些地方，有较鲜明的凹凸感，较新钞票用手指划过，有明显阻力。假币是用胶版印刷的，平滑、无凹凸感。

三听：通过抖动钞币使其发出声响，根据声音来分辨人民币真伪。人民币的纸张，具有挺括、耐听、不易撕裂的特点。手持钞票用力抖动、手指轻弹或两手一张一弛轻轻对称拉动，能听到清脆响亮的声音。

四测：借助一些简单的工具和专用的仪器来分辨人民币真伪。如借助放大镜可以观察票面线条清晰度，胶、凹印缩微文字等；用紫外灯光照射票面，可以观察钞票纸张和油墨的荧光反应。

(2) 难以分辨真假的钱币，可以马上退给商家，要求他给你换一张，确认是真币后再收下。

贴士 8 重复刷卡有陷阱

用银行卡进行消费时，要小心谨慎。当一次刷卡没有成功，商家要求再一次刷卡时，一定要充分确认当笔刷卡是否成功（通过手机短信提示、拨打电话查询、自动柜员机查询等方式），避免重复刷卡。

贴士 9 留好证据助维权

买到假冒伪劣商品后不要怕麻烦就自认倒霉，这样只能够让自己的权益受到损害。要勇敢地去维权，尽量挽回自己的损失。购物后，要留好票据，日后出现问题时，票据是维权的一个重要依据。当发现受骗时，要及时向工商部门或消费者协会投诉。

3. 求职，提防受骗

妈妈听到的故事

小芸的求职不归路

大四了，许多同学都开始找工作，小芸也坐不住了。她是学服装设计专业的，从 11 月开始，她陆续在网上投了多份简历，却一直石沉大海，没有任何消息。

就在她为工作抓耳挠腮的时候，一个自称姓袁的先生从广东给她打来电话，自称是美国盖特公司广州总部负责招聘的，在网上看到了她的求职信息，现在他们公司急聘服装设计师，工资待遇是实习期间每月 3000 元，转正后每个月 5000 元以上，每个月还有 1500 元交通费，公司提供午餐，享受“五险一金”。全国各大城市都有分公司，自己可以选择工作地点。

这么优厚的待遇，小芸既欣喜又担心。她怀着谨慎的态度，在网上认真地查询了一下该公司的情况，了解到的确有一个美国盖特公司，专门经营休闲服装。

看到对方公司的待遇这么好，再想想自己：既没有工作经验，又不是什么名牌大学毕业，几乎没有什么竞争优势。但小芸是个不服输的人，虽然觉得希望渺茫，她还是想试一试。

面试前，应聘的工作人员说为了节约时间和精力，要进行电话面试。一个自称是负责人事聘用的年轻男子，对小芸进行了电话考核筛选。问的问题就是一般公司所了解的年龄、籍贯、身高、体重、健康状况、学习专业内容等，然后再问家庭、父母工作收入情况；在广州当地有没有什么关系帮助你谋职；如果被录用，能否马上到公司上班等基本问题。这些问题是一般面试都会问到的普通问题，小芸也就放松了警惕。

过了两天，小芸得到通知，说被公司录用了。这个消息对她来说简直就是天上掉馅饼一样的美事。

公司人力资源部要她联系张小姐办理入职手续。联系到张小姐后，小芸询问了公司的地址，张小姐很和气地说："不用自己找，你上火车后只要给我打个电话，告诉我时间、车次就行了，我负责去接站。"

小芸当时被兴奋冲昏了头脑，心想公司连接站的事情都安排好了，真周到啊，恨不得马上插上翅膀去上班。简单地收拾好行装后，小芸带上一些钱就上路了。

到站之后，小芸被一辆面包车接走，在一家豪华宾馆前下了车。小芸正在纳闷：不是应该去公司吗，怎么在这里就下了车？正当小芸疑惑不解的时候，自称是张小姐的女子上前亲切地和小芸打招呼，边说还边帮她拿东西，小芸见张小姐如此热情，也没好意思拒绝，就跟着张小姐走进了宾馆。

小芸问张小姐为什么带她去宾馆，而不是公司。张小姐回答说："我们这一批要出国的人员，都提前住到酒店来了，方便为出国做一些准备。"

小芸满腹狐疑："出国？什么意思？"

张小姐拍拍她的肩膀："哎呀！我光顾着接你，都忘了说了。我们袁经理马上要带公司的考察团到国外考察，袁经理看了你的简历，你的英语过了六级，口语好像也不错吧？又是服装设计专业的，所以袁经理亲自点名要你一定随团去，这可是千载难逢的机会，你真是运气好呢！"

正在这时，袁经理过来同小芸见面。交谈中，她发现袁经理是个很不错的人，不仅交代了这次出国的事情，还把以后的工作情况给小芸介绍了一遍。

突如其来的惊喜让小芸有点措手不及。

晚上，张小姐带着小芸到另外一个房间住下。张小姐递给小芸一张单子，上面写着好多费用，比如：签证费，机票费，体检费，住房费等等，加起来一共要五万元左右。小芸很不解地看着张小姐，张小姐说："这个是你出国的费用单，公司报销 80%，自己出 20% 的钱。"

小芸算了下，要拿出一万多元钱，正犹豫不决中，张小姐笑眯眯地说："这么好的机会，好多人想去还去不了呢！这次你如果表现好，得到领导赏识，以后在公司好处多的是，这一万块钱也不算什么了，对不对？"

小芸想了想觉得这也在情理之中，想想工作后马上就能挣回来，就跟父母打电话要了一万块钱。虽然父母都是普通的工薪阶层，但是毕竟是女儿的第一份工作，就没说什么质疑或抱怨的话，把钱打了过来。

第二天，小芸跟着张小姐等人一起来到银行取钱。小芸见每个人都陆续取了钱给袁经理，便放松警惕取了钱。接着，他们来到了一家不算太起眼的医院。张小姐告诉她新员工进公司都是要体检的，而且这次出国也要做体检，为了替员工省钱，就两次合成一次做了。

单纯的小芸并没多想，以为公司真是为员工着想，就跟着一起进了医院。进了医院马上有人来接应，好像和袁经理很熟的样子。她跟着走到了一个病房，医生问从哪个开始。张小姐说："小芸，你先去吧。你最年轻，又是新来的，就你先去吧！"小芸觉得刚来公司，应该多表现一下，于是很爽快地就答应了。她躺在病床上，医生给她注射了一针，之后便昏睡过去。

醒来后，已经不知道是第几天，小芸恍恍惚惚间发现自己躺在一张陌生的床上，一个农村老头傻呵呵地对她笑着，小芸紧张地问："这是哪里？为什么我会在这？"老头操着满口的方言说："你是俺媳妇，俺花两万块钱买来的媳妇！"

这时，小芸才明白，她掉进了一个别人精心设计的陷阱里，后悔也来不及了。

妈妈的担忧

亲爱的女儿：

看完这故事，妈妈特别心痛，好好的一个女孩，就是因为求职心切，没有擦亮自己的双眼，最终付出了如此惨痛的代价。

女儿，我知道你现在一直在努力地学习，提升自己各方面的素质，希望将来能够找到一份好的工作。看了这个故事，相信你应该明白了，女孩在求职中，不仅仅要有丰富的知识，突出的能力，还需要处处留意、时时小心，这样才能避免在求职中受到欺骗和伤害。

妈妈担心你在求职中，碰到一些黑中介或诈骗公司。他们会利用女孩子防范能力差和容易轻信他人的弱点，来骗取求职者的钱财。故事中的小芸就是一个典型的例子，她被骗子公司抛出的出国诱饵所吸引，骗走一万多元。这是你以后要特别注意的，一旦涉及到钱财的事，就要多留个心眼，多跟父母亲友商量，多咨询一下别人，多观察一下动向，切莫轻易相信，否则工作没找着，钱也丢了。

还有一种求职诈骗，也是妈妈特别担心的，就是求职中的骗色行为。有的不法分子会利用部分女孩子虚荣心强、想出名的心理来行使诈骗，打着招聘演员、平面模特、内衣模特等幌子诱骗女大学生，拍裸照、迷奸等，给女孩子造成了极大的身心伤害。

妈妈最担心的是你在求职中被拐卖。这不是妈妈危言耸听，很多新闻里面都报道过类似的事件。社会越来越复杂，犯罪分子的手段也是层出不穷，一些犯罪分子打着招聘的名义干违法的事情，比如名义上是招聘，实际上却是通过招聘的方式控制女生的自由，甚至进行拐卖等违法活动。

妈妈也担心你在工作中遇到不公正的待遇。一些公司利用你求职心切的心理，让你签订不合理、不平等的条约，或者在工作中违反劳动合同，让你恶性加班，不按时发放薪金，克扣工资等。

妈妈还担心过于脏、乱、差、有污染、有辐射的环境会对你的身体造成伤害，甚至可能会影响到将来的生育；妈妈担心工作地点过于偏僻可能存在安全隐患；妈妈担心你工作的环境中领导、同事素质低下、不够正派，可能会对你动手动脚，甚至性侵害……

女儿，虽然妈妈从小就教育你要不怕苦，不怕累，做一个勤奋踏实的人，但是，在找工作的时候，还是要一切以安全为前提，万事要多留一个心眼，能够学会如何保护自己。请相信，无论遇到什么困难，妈妈永远都是你最坚实的依靠。

爱你的妈妈

妈妈的16个小贴士

贴士1　安全是求职之本

安全是万事之本，生命安全更是重中之重，在求职过程中，一定要注意自己的安全，不要为了找工作而让自己的安全得不到保障。选择工作要注意工作环境，不能太偏僻，不能有高辐射。过于繁重的工作也不适合女孩子，会使女生的身体吃不消，积劳成疾。另外，周围同事素质普遍较低的工作单位，最好也不要去，不要给自己的安全带来隐患。不管做什么工作，安全永远是找工作的首要条件。

贴士2　求职不能急

第一份工作很重要，第一次工作如果有收获，就会对以后的工作和生活有信心，如果第一次遭受打击，就会受到伤害。犯罪分子会利用求职者迫切需要一份工作的心理，对求职者进行欺骗、欺压等。因此，女孩们找工作要不急不慌，可以先找一个工作临时过渡。

贴士3　知己知彼

知己，充分正确地估计自己，想做什么，适合做什么，能做什么。知彼，在做选择的时候，要锁定方向和求职范围，其他的职位无论多诱人，都不要看。要认真充分地了解用人单位，安全第一，先了解是否安全，在安全的前提下求职，若不能保证安全，开再高的工资都不能去。

贴士4　远离黑中介

现在职场骗术越来越高超，有很多人打着中介的幌子，给学生介绍环境又艰苦工资又低的工作，甚至克扣学生的工资。提高警惕，擦亮双眼，学会鉴别招聘信息的真伪，是求职过程中所需要注意的问题。

女生求职，最好直接到用人单位去求职，或者通过大型的人才招聘会求职，不要找中介部门。如果一定要找中介，要找在相关部门有登记备案的正规中介公司。

贴士5　别让高薪蒙蔽了双眼

对于那些待遇优厚，工作轻松，甚至有机会到国外工作的招聘单位，无论通过什么途径都要对其进行严格考察。天上没有掉馅饼的事情，工作的薪水跟自己的能力和单位的效益是相关的，不要幻想不用怎么工作，薪水还能很高。遇到这样的事情，很可能是有问题的，不要被高薪蒙蔽了双眼。

贴士6 校园兼职有技巧

女生选择兼职时，不要轻易相信学校内张贴的小广告，要去找校内正规的机构了解，如去学校外联部或者是学工处、校团委等学生服务机构咨询；如自己选择兼职时，注意地点不要太偏远，不要在夜晚兼职，不去酒吧、舞厅等安全隐患多的地方兼职。

贴士7 面试勿单刀赴会

无论招聘地点是本地还是外地，应聘时最好有人陪伴，如有意外情况，有同伴可以照应。同时随身携带好通讯工具，在发生意外事件时有一个通讯工具和外界保持联系。如果手机功能支持的话，最好设置一个速拨号码，如遇不测，立即拨号。很多犯罪分子都是利用求职者面试的机会将其强暴或拐卖。

贴士8 收费有陷阱

拒绝向招聘单位支付各种名义的费用。招聘单位以任何名义向求职者收取抵押金、服装费、产品押金、风险金、报名费、培训费等，都属非法行为。遇到此类情况，要坚决拒交，并向招聘单位所在地区管理部门举报，以确保自己的合法权益不受侵害。

贴士9 证件不能押

在应聘过程中不要将身份证、学生证、驾驶证等重要证件交给招聘单位，防止被不法分子利用和诈骗。正规的单位是不会提出这些要求的。

贴士10 慎签劳动合同

在与用人单位签订合同时，一看企业是否经过工商部门登记，如果在工商部门查不到，则一定是不合法的单位，千万不能去；二看合同字句是否准确、清楚、完整；三看劳动合同是否有一些必备内容，包括劳动合同期限、工作内容、劳动保护和劳动条件、劳动报酬、社会保险和福利、劳动纪律、劳动合同终止的条件、违反劳动合同的责任等。做任何工作都必须签书面合同，保障自身安全。

贴士 11　职场妆扮要端庄

在工作期间，注意自身的形象，穿着不可太暴露、太性感，行为举止不能太轻佻。如果你穿着过于暴露性感，行为举止轻佻，容易让人理解成“性暗示”。

贴士 12　严辞拒绝客户性骚扰

女孩在职场中，若遇到客户性骚扰，一定要严肃拒绝，可以找公司领导求助，也可以寻求公安机关的帮助。若由于不好意思或是害怕而忍气吞声的话，只会让对方有恃无恐，继续侵犯。

贴士 13　与同事相处有礼有节

女孩说话时要语气柔和，微笑有礼。跟男同事相处应有礼有节，保持好男女同事之间的距离，不要因距离过近而让人产生误解。遇到男同事讲黄色笑话、吹口哨等不礼貌的行为，要表示出愤怒不屑；尝试躲开那些素质低下、不文明的同事。如果不得不在某个项目上与其密切合作，试着叫上另一个同事，避免两个人独处的机会；如果这还不足以把拒绝的信号传递给骚扰者，那就直接跟他讲清楚。下次他再有骚扰言行时，礼貌地告诉他不要再这样做，而且要明确指出是哪些行为；如果他喜欢和女孩靠得太近，可以这么说：“你能站得远一些吗？这么近我觉得很不自在。”如果他喜欢触碰女孩身体，就说：“请别把手放在我的肩膀上，这样我觉得不舒服。”

贴士 14　与领导相处不卑不亢

(1) 避免与领导两人长时间共处一室。工作期间，别有事没事往领导办公室跑，如果的确有事向领导汇报或请示，踏入领导办公室时，别随手关门，让办公室大门敞开。下班了，及时回家，别单独与领导出去吃饭、喝茶、聊天。当两个男女出现在单独的空间里，如果再加上昏暗的灯光，柔和的音乐，在这种暧昧的环境里，极容易发生性骚扰。

⑵ 面对性骚扰，严辞拒绝。当领导有揩油或语言挑逗之举时，要表明自己的立场，告诉他自己是来工作的，以正式的口吻明确拒绝他，让他停止这些言行，千万别忍气吞声。有时领导故意说一些黄段子，或开一些低俗的玩笑，试探女孩的心理，如果女孩对他的黄段子与低俗的玩笑感兴趣，他就会向女孩实施下一步的性骚扰，记住，千万别去接他的茬，领导就会自讨没趣地停止他低俗的言行，这样就有效避免了事态进一步扩大化。

⑶ 别泄露自己私密。在领导面前，不要谈及自己的情感经历，否则领导以为女孩在向他暗示，向他暗送秋波。这样，领导接到错误的信号，极容易发生性骚扰。平时应在有骚扰举动的领导面前多夸夸自己的家人，向他表明自己的感情没有出现裂痕，别人不能插足。同时，在职场上，见领导就称呼他某某领导，带上他的职务，时刻提醒他的领导身份，注意领导的形象。

⑷ 适当“威胁”领导。面对领导的强行侵犯，要么选择直接离开，如辞职、请假等；要么就给领导一点“颜色”，可以适当地“威胁”领导，告诉他自己不是那么好惹的，如果惹恼了，就会到他家里去闹，告诉他的爱人，把事情弄得满城风雨，或是告诉他一旦沾惹自己，就要他离婚娶自己，要不然就要赔偿巨额的“青春损失费”，让领导知难而退。

贴士 15　巧对黑心老板

在职场若遇到老板克扣工资、拖欠工资、无休止安排加班、故意找茬减少奖金等黑心老板，可以先通过沟通的方式向老板说明困难，希望解决这些问题。若无效，就需要在日常工作中注意保留证据，通过法律的武器来保护自己，维护自己的权利。

贴士 16　求职受骗要维权

发觉被骗，及时报案。一旦发觉上当受骗，要及时向招聘单位所在地的劳动监察部门或公安部门报案，寻求法律保护。由于劳务诈骗往往涉及公安、工商、劳动等部门，应该根据情况选择最有效的投诉部门。若被投诉对象为合法机构，可以找劳动监察部门；若受骗情况特别严重、诈骗金额巨大，可以到公安部门进行报案。除了报警外，还可以向有关媒体爆料，以此来督促用人单位或相关部门尽快解决问题。

4. 网购，当心上当

妈妈听到的故事

疯狂网购的代价

芳芳读大学之前接触网络较少，尽管家庭条件一般，但她积极上进、活泼开朗，是个孝顺的女孩。节假日或父母的生日她都会用自己的零用钱给爸妈买点小礼物。

转眼妈妈的生日又快到了，第一次远离家乡独自生活，她想送个有特别意义的礼物给妈妈。可是她逛遍了学校附近的购物中心，都没有找到理想的礼物。同寝室的小灵来自大城市，很早就开始接触网购，看到芳芳为这个事情发愁，便对芳芳说："我教你上网买东西吧，网上的东西种类很多，应该能找到你中意的礼物。"芳芳咧嘴一笑说："好啊，不过我什么都不懂。"小灵笑着答道："没关系，一学就会。"

两人一起来到学校附近的网吧，芳芳在旁边看小灵网购，同时也被那些琳琅满目的商品所吸引，很快就选中理想的礼物。网络购物省钱、省时、省力、省心，对比之前花的太多时间和精力，她立刻就喜欢上了网购。

这之后，她发现网络上所售商品大都比实体店中的便宜不少，而且免于舟车劳累，很是方便。她沾沾自喜，觉得网购能让自己捡到便宜、省下不少钱，只需轻轻一点鼠标，喜欢的宝贝几天后就能到手。时间一天天过去，她发现自己已经不能控制对网购的迷恋——有时间就会浏览各种网店，疯狂"拍下"所有喜欢的打折、特价商品，尽管其中很多商品她并不需要。

很快她发现自己每月生活费已经不能满足她的"网购瘾"，于是她办了一张信用卡，通过透支的方式来满足。有了信用卡，芳芳的网购愈加肆无忌惮了。

此后每月的网购账单，消费额均在几千元以上。日常吃穿用品基本都上网购买，同学们都说她是个不折不扣的“网购达人”。由于长期沉迷网购，连上课她都会偷偷地用手机浏览购物网站，疏于与人交往，几乎不参加户外活动，她的朋友越来越少，生活也越来越单调，学习成绩直线下降。

小灵看见芳芳变得如此沉迷网购，好心劝诫她少去网购：“当初，我是因为你苦于挑选礼物，才教你网购，但如今，你却沉迷在网购的漩涡里无法自拔，什么都在网上买还是有风险的。上次我不就是图便宜花了几百元买了件仿制品吗？结果和卖家沟通了多次都不能解决，只好自认倒霉。”网购上瘾的芳芳哪听得进朋友的劝说，完全是乐不思蜀。

2011 年 3 月 15 日晚，她逛购物网站时无意间发现一家卖衣服的商铺，立马就被店铺里时尚的衣服吸引住了，而且店主能说会道，芳芳不知不觉就选购了好几套衣裙，打完折一算，总共 700 多元。店主说比实体店优惠了 60% 左右，能以这么优惠的价格买到自己心仪的商品，她自然心花怒放，想也没想就去付账，可当她准备付账时，却出现了麻烦，自己账户里的钱始终无法转入店主提供的支付平台。

对于这个问题，店主表现得很淡定，并“耐心”地进行解释：“这种情况有可能是因为网络问题或是账户平台间的不兼容导致的，以前发生过类似的情形，只要多点击几次就成功了。”于是，在店主的“指导”下，芳芳分 7 次点击该支付平台链接进行现金支付。

两天后，当芳芳查询网络账户时，才发现自己信用卡账户里的 5585 元人民币已经不翼而飞。而查询该店铺的交易记录，根本没有当时购买商品的信息，她赶紧上网联系卖家，但卖家坚持说芳芳没有付款成功。芳芳要卖家退钱，卖家威胁芳芳不要无理取闹，否则就把她的快递地址中留下的个人信息发布到色情网站上。芳芳怕了，敢怒不敢言。一想到面临的大笔欠款和随时可能被泄露的个人信息，心里难受极了。白天上课都精神恍惚，总好像听到电话里陌生人威胁自己的声音，晚上也经常失眠。

这样一天天过去，芳芳变得沉默不语、面黄肌瘦、神情恍惚，同学老师都很担心他，通知她父母带她去医院检查，检查结果是她已经患上了抑郁症。

妈妈的担忧

亲爱的女儿：

听了这个故事，你是不是也感受到了网购是把双刃剑？如果你不加节制、不提高警惕，就会像故事中的芳芳一样上瘾、上当，悲惨收场。

妈妈知道你平时也有网购的习惯，你总笑话妈妈跟不上潮流，和妈妈谈起网购来总是眉飞色舞，称网购是你们这代人生活中不可或缺的一部分。确实，时代不同了，现在是网络时代，网络给人们的生活方式带来了极大的改变，这种改变有积极的方面，也有消极的方面。

妈妈担心你在网购时遇到不良商家，或不明就里点击了“钓鱼网站”，导致钱财被骗。犯罪分子往往利用买家网购图便宜的心理，给买家发送低价、秒杀的链接，这些不安全的链接可能会让你重复划账，或直接盗取你的网银帐号、密码等重要信息。故事中的芳芳就是一个典型的例子，她被不法分子骗走了五千多元，难以追回，给自己的身心造成了极大的伤害。

网络信息安全也是妈妈很担心的问题。网购的时候一般需要注册账号，里面涉及到家庭地址、联系电话等个人信息。一些不良商家直接将这些信息卖给不法分子，一些不安全网站利用“钓鱼软件”盗取个人资料。一旦个人信息被不法分子利用，轻则损失钱财，重则会有生命危险。

网购商品鱼龙混杂，真假难辨，加之目前监管还不完善，妈妈担心你买到假冒伪劣商品却无法维权。网络购物最大的吸引力就是价格便宜，一些卖家为了吸引客户，销售低价的假冒伪劣产品。由于网络购物是在虚拟环境中进行的，维权很困难，容易出现“哑巴吃黄连，有权维不了”的情况。很多人往往因为维权不易、退款麻烦就不了了之。坚持维权的，还可能遇到一些不良商家的打击报复，如泄漏买家的电话、地址等个人信息，使买家经常被莫名骚扰，或陷入网络骗局中。

说了这么多，妈妈担心你对网购的认识不全面，不能很好地掌控网购，最终被网购奴役和伤害。总而言之，网购有风险，购物需谨慎，我相信我的女儿一定能记住！

爱你的妈妈

妈妈的7个小贴士

贴士1　按需网购

网购要遵从自己的生活需求，不要盲目购买。首先，要考虑自己有无需要，确实需要的东西可以网购，不需要的东西买了之后，不仅浪费钱财，还是个累赘。其次，要考虑自己的经济实力，不要超出自己的购买能力。可以在每月初根据自己的支付能力和消费状况做一个分析统筹，制定消费计划，然后按照这个计划，按需购买。

贴士2　“网购减压”压力更大

不要把疯狂网购当成排遣工作和学习压力的方式。网购的商品如果“价不廉，物不美”，达不到自己的期望值，不仅不能减压，反而会增加自己的精神压力。网购多了之后，势必会造成钱财的损失，经济压力也更大。所以，“网购减压”不可取，女孩要懂得合理地控制自己的情绪，养成良好的生活和工作习惯，通过运动、听音乐、看书和参与社交活动等健康的方式来排遣压力。

贴士3　养成记账习惯

网购一般采用网银或第三方支付的形式付款，交易“无影”也“无形”，让你们对资金的支出没有直观的感受，不知不觉钱就花光了。因此，要对自己的支出列出计划，有计划地支出，并对每一笔网购支出做认真详细的记录。做好网购规划，定期检查账目和账户余额，并分析自己的网购消费状况。通过记账使自己养成节约的习惯。

贴士4　信息必须保密

(1) 保护好自己的网银账号、密码、身份证号等重要个人信息，在银行卡遗失后要及时挂失，避免因银行卡遗失而造成经济损失。

(2) 不要在网吧等公共场所或公用电脑上登陆购物，这样帐户很容易被不法分子窃取。

(3) 记录有个人姓名、电话信息、家庭及工作单位详址的快递单废弃后应销毁。填快递单地址最好填写单位地址，如果包裹需要寄到家中，就填小区名即可。

(4) 在手机上开设短信验证和短信提示业务。这样每一笔网购支出成功时，都可以在手机上收到一条验证码短信，输入验证码之后才能在网上完成支付，保证消费的安全性；每一笔网购支出成功之后，也能立即收到短信提示，使自己对消费一目了然，如果当笔消费非本人所为，则可以马上发现信息被盗，立即采取保护和补救措施。

贴士 5 “火眼金睛”识假货

(1) 看 LOGO 识保障

在热门购物网站上，平台商对卖家资质都有审核，并设有消费者保障机制，我们应该挑选那些通过审核多，即网站上显示的保障 LOGO 多，保护措施完善的卖家。

(2) 选商城更靠谱

商品的可靠程度跟卖家的进入门槛有关。一般而言，商城的卖家会比普通卖家更可靠，因为他们需要符合平台商提出的各种要求，其中包括商品质量与售后服务的要求。

(3) 看评价辨好坏

听听别人的意见，往往是了解商品可靠程度的最直接方法，看看商品的成交记录以及买家评价就知道了。但我们要提防卖家自己弄虚作假的交易评价，凡是匿名或者同一个买家的评价很多，都很可能是虚假的评价。

贴士 6 谨防钓鱼网站

网络上不乏以各种形式进行诈骗的钓鱼手段，利用邮件和网站进行钓鱼是主要方式。骗子恶意模仿支付宝发送提醒付款邮件，用户如果不仔细看发件人地址，上当的可能性很大。买家坚决不要直接从他人提供的网址链接进入购买。当不确定对方发送的付款网页是否安全时，可以先在登录框内连续多次输入错误的用户名和密码，如果此时还可以登录成功，说明该网站可能套取你的密码。谨记支付形式要安全，运用第三方支付。

贴士 7 退货、维权有诀窍

(1) 收到货物后不急着确认付款

①使用之后再确认。为了保障自己的利益，买家在收到商品的第一时间应该先试用商品。一般卖家寄出商品后，买家有较长的一段时间确认收货，在这个期限到来之前，先试用商品，没有不妥当的地方再确认付款也不迟。一旦确认收到了商品，表明交易完成，货款就直接转到了卖家的账户上。如果在交易完成之后才发现有质量问题，再想追究卖家就会很麻烦。因此要赶在确认收货期限之前使用商品，及时发现问题。

②延长收货确认和付款时间。如果没有收到商品或已经和卖家协商换货，要让卖家将确认收货时间推迟，谨防钱款自动打入卖家账户。

(2) 退货要有证据、有准备

①保留聊天记录。保留跟卖家沟通的证据很重要，聊天记录往往是平台介入解决问题的重要依据。在你拍下商品之前，卖家可能作出各种承诺，当你付钱后，承诺能否兑现就是另外一回事了。“白纸黑字”的聊天记录这时可以作为一个凭证，卖家想赖也赖不掉。可以在电脑里设置自动保存聊天记录，方便作为证据随时调用。

②“有图有真相”。收到错发的商品或被损坏的商品，可以用相机拍下，作为图片证据传给卖家。

③如果买到大小、尺码等不合适的商品，要尽量保证不损坏商品，保留商品原有的包装袋。

④和平解决退货问题。和卖家谈判的态度很重要，抱着解决问题的心态平和对待，而不是挑起争端。

(3) 在第一时间维权

买到了假冒伪劣商品或者大小、尺码等不合适的商品，应该在第一时间向卖家反映情况，提出退货的要求。碰上讲理的卖家，事情还是容易解决的。如遇到卖家不讲理或不理睬的，则可以直接向购物官方网站投诉，或拨打购物网站提供的维权电话和服务电话维权，寻求解决。

5. 遇劫，机智应变

妈妈听到的故事

旅途惊魂

最后一门考试终于结束了，豆豆早早订了回家的火车票，下午5点半的火车，晚上9点到家。背起早已收拾好的行李箱和电脑包，豆豆归心似箭，叫了辆的士就直奔火车站。

豆豆是家里的独女，父母的掌上明珠，只要是她想要的，父母都尽量满足，吃要吃好的，穿要穿潮的。即便是这样冷的冬天，豆豆穿的也是低领的打底衫，外面套一件带貂毛的披肩，下面是短裤配亮丝打底袜，一看就是一个追求时尚的富家女。

不一会儿功夫，豆豆就到了火车站，上了回家的火车，按照妈妈的指示给家里发了个已上车的短信，然后边听音乐，边玩起游戏来。不知玩了多久，也不知到了哪一站，有人拍她的肩膀："同学，这里有人吗？""没有吧，可能已经下车了吧！"豆豆下意识地看了一下询问者，哇，还是个帅哥呢！

"同学，哪站下呀？"那人继续询问。

"惠州。"豆豆想都没想就说了。

"这么巧？我也是到惠州见朋友，这一路可有个伴了。"男子惊喜地说。

想着火车上一路也挺无聊的，有个帅哥陪着聊聊天也不错，于是一路上男子和豆豆有说有笑，倒也相谈甚欢，男子不时地问起惠州的情况，豆豆也乐得当起了向导。

很快火车到站了，男子很绅士地帮豆豆拎起了行李箱和电脑包。豆豆不好意思地说："这个……不麻烦你了。""我对这边不熟，出了站还要

你帮忙当向导呢！这算什么麻烦！”男子笑着说，“我有朋友过来接我，车停在火车站附近的六福路，一会儿你带我去六福路，我让朋友也搭你一程。”豆豆满心欢喜地说：“那太好了。”

六福路离火车站确实不远，豆豆带着男子走了一会儿就到了，但几个月没回家，六福路正在修路，没什么人走，到处黑漆漆的，豆豆有些害怕了。突然，一把水果刀搁在了她的脖子上。“不许动！”冰冷的声音从背后传来，“跟我走！”刚才还笑眯眯的男子，态度突然一百八十度地转变，他恶狠狠地说：“要是敢跑或者敢叫，我就一刀捅死你！”豆豆吓坏了，任由男子把她塞进了路旁的一辆小车里。小轿车的车牌号全被遮掩了，车窗上也贴着黑色的窗膜。

进到车内，豆豆看到驾驶座上坐着一个年龄稍大的“八字胡”男人，“八字胡”递给年轻男子一条绳子，男子便把豆豆的手脚绑了起来。前座的男人发动小轿车，开到一个更偏僻的地方，他们仔细地搜豆豆的行李箱。豆豆没有带很多的现金，倒是随身带着的银行卡里面存了不少自己攒下的“私房钱”。

劫匪没有得到很多的现金，正在气愤之时，发现了这张银行卡，他们如获至宝，开始逼问豆豆银行卡的密码。豆豆谎称这是父母的卡，自己记得不清楚，但父母常用的几个密码可以报给他们到取款机上试试。

“八字胡”淫笑地说道：“这妞还挺识相！”边说边打量着豆豆，“不如我们哥俩先陪她玩玩再去取钱！”

就在豆豆不知该如何应对的危急时刻，一阵强光照到了轿车内，一群公安干警将小轿车团团围住，豆豆被解救了。

原来，豆豆妈妈在豆豆发短信报告上车时间时就算出了火车到站时间，不见豆豆按时回来就报了警，知道女儿平时有用手机定位的习惯，在警察的帮助下找到了豆豆。

妈妈的担忧

亲爱的女儿：

故事中豆豆的经历是不是直到最后才让你松了口气？如果不是豆豆的

沉着冷静、尽力周旋，如果没有警察的及时赶到，后果将不堪设想。很多新闻报道的抢劫事故中的女性，可没有豆豆这么幸运，被劫财劫色不说，有些还不幸被杀害。每每看到这样的新闻我都很害怕，特别担心，生怕我的宝贝女儿也遭遇这样的伤害。

妈妈担心你在回家路上被人尾随，遭遇抢劫。你现在慢慢长大了，也渐渐有了自己的主意，经常在妈妈面前提到班上同学的时尚穿着和各类影视剧中的性感装扮，总是抱怨自己的穿着孩子气，跟不上潮流，吸引不了眼球，殊不知简单、大方、朴素才是最好的保护色。许多女孩打扮得花枝招展，或者穿金戴银，这样其实并不好，吸引人眼球的同时，也会引起犯罪分子的注意，导致尾随抢劫的发生。故事中的豆豆不就是太吸引眼球而惹祸上身吗？

妈妈也担心你在路上被"飞车党"盯上。你总是特别单纯，心存侥幸，觉得不会那么巧，而事实上，你的很多大大咧咧的毛病给了犯罪分子可趁之机。因为你总喜欢带着耳塞低头走路，走路时挎包只是随意地搭在肩膀上，喜欢一个人独来独往……你知道吗？"飞车党"就特别"钟意"你这样的女孩。遇到飞车抢劫，轻则损失钱财，重则危及生命安全。新闻报道里也曾经报道过多个这样的案例，有的女孩在不提防的情况下被飞车抢劫，不幸摔倒被卷到了车轮底下……

现在社会复杂，你社会经验不足，妈妈特别担心你遭遇绑架。你的同学们来自各个不同阶层的家庭，其中不乏家境殷实的，用着名牌电脑、手机，出入高档的消费场所，佩戴贵重的首饰，这些让你着实羡慕，殊不知，如果不注意贵重物品的保管，过度炫富会遭来横祸。另外，你的不少习惯也可能会给坏人机会，导致抢劫、绑架等。比如和陌生人聊天不加防范、有问必答等，这些都是妈妈担心的。

女儿，任何时候都要谨记：生命安全是第一位的，钱财均是生外之物。即便碰到抢劫，也要让自己沉着冷静、随机应变，伺机逃生或想办法寻求帮助。

爱你的妈妈

妈妈的6个妙招

妙招1 别暴露了你的“财气”

出门在外时，尽量不要携带贵重物品。如果必须要带上贵重物品，就要将贵重物品放在隐蔽的地方，不要让他人发现。不要带大量现金，也不要在别人面前掏钱、数钱，否侧，容易被犯罪分子盯上。

妙招2 安全着装避免劫色

注意着装安全，女孩出门在外，尤其是在夜间或经过不安全的地段，不要穿得太暴露，也不要打扮得过分前卫和时尚，不要佩戴贵重首饰，以免引起犯罪分子的注意，引发劫色。另外，女孩一个人出门或晚归的时候，尽量不要穿高跟鞋、紧身衣、牛仔裤等不方便逃跑的服装。

妙招3 独自行走高度谨慎

(1) 女孩不要在夜晚独自外出，最好结伴而行或要求亲友来接应。如果独自行走要选择有路灯或繁华热闹的道路。尽量避开建筑工地、被拆迁地段、偏僻小巷或人烟稀少、无路灯的路段。如果选择打车，要注意乘坐正规的士，不要坐黑的。

(2) 在路上行走要多留心周围的环境，时刻保持警惕，不要低着头走路，或走路时玩手机、戴耳机听歌等，要眼观六路耳听八方，留意周围有没有人盯梢或尾随。如果发现有可疑人员或车辆在附近跟随，应迅速避开，走向人多的地方，可以假装大声召唤家人：“你们别走这么快呀，等等我呀！”或者假装打电话：“不是说好在这等的吗？还不出来？”如果发现跟踪的人无法甩脱时，就要立即报警。

(3) 遇到独自外出的情况，要事先告诉亲友自己出行的时间、地点、联系人等，让他们随时与你保持联系。

(4) 随身携带手机。手机里要提前设置好求救的电话和短信，遇险时要尽快发出求救信号，不要错过求救、报警的最佳时机。也可以在自己的手机里安装手机定位系统，方便遇险时家人能迅速地找到你。

妙招 4 银行取款防抢劫

要选择安全的时间、安全的地点取款，避免夜间取款，如一定要取，需有人随同，即便白天取大额存款也需有人陪同。取款前注意观察周围的人群，有人搭讪或干扰不要理会。

妙招 5 留心“飞车党”

(1)“飞车党”最喜欢在马路边和小巷子里下手，听到后面有靠近的车声，提高警惕，注意避让尾随跟踪、企图接近的摩托车。不要离马路太近，更不要走车行道。拎包尽可能放在胸前，背包不要挎在靠马路一侧。如果你在骑摩托车或自行车，不要把贵重物品随意放在车上，防止被“飞车党”顺手牵羊。

(2) 当遭到“飞车”抢夺时，一定要立即打110电话报警。不要手足无措，尽量记住“飞车党”的特征，最好能把摩托车的车型、车号和颜色，以及逃跑的路线和方向记录下来。

妙招 6 遇劫冷静应变，以智取胜

(1) 保命第一，钱财是身外之物。遇到打劫要以保住性命为最高原则，不要贪恋钱财。

(2) 第一时间发出求救信号。在手机上设定一个亲友的号码，遇劫时一键拨出，并大声与歹徒交涉，让亲友知道自己身处险境。或者平时在手机里写好信息，必要时方便发送。

(3) 虽然抢劫者看上去来势凶猛，实际上是色厉内荏。如果有可能，在闹市或人多的地方被劫要大声呼救，以便引起路人注意。

(4) 在逃离抢劫人员时，要理智选择逃跑路线，尽量往人群较多的地方逃生。

(5) 在保证自己生命安全的前提下，与抢劫者尽量周旋，使其放松警惕，趁其疏忽大意时，伺机报警或发送求救信号。

(6) 保持头脑冷静。如果现场处于偏僻环境，切忌强烈反抗，要尽可能记住犯罪分子体貌特征，为今后帮助警方破案提供线索。

6. 传销，财富陷阱

妈妈听到的故事

虚无的“财富梦”

毕业，本该是收获的季节。可对于小霞来讲，似乎一点收成也没有。眼看离校的日子越来越近，求职的事还是一点着落都没有，她心急如焚。

“唉，估计这次又没戏！”小霞暗自嘟囔着，她拖着疲惫不堪的双腿，一步一步走出面试公司的大厅。这时，她接到一个高中同学小芳打来的电话：“小霞，怎么样，找到合适的工作了吗？”“没呢，一点都不顺利，你说他们怎么就不能用一个没经验的人呢，谁的经验是与生俱来的？”小霞沮丧极了。“唉，社会就是这样。不过你也别太着急，正好我有一个好消息告诉你！”小霞热切地问道：“什么好消息啊？”小芳回答：“我通过朋友介绍，进了一家正在发展的公司，公司还有职位空缺，你要不过来试试？”“真的？好，那你等着，我马上赶过去！”小霞放下电话就往那家公司赶去，她心里想着，这次一定要好好面试，再不能空手而归了。

小霞坐了很久的车，终于到了小芳说的那家公司。到了办公室，小芳和另外一个年轻小伙子热情地给她介绍了公司的基本情况、运营情况、公司规模和发展方向，并邀请小霞加盟他们公司，说他们现在正处于发展阶段，正需要像小霞这样有活力有文化的大学生。一番侃侃而谈，说得小霞热血沸腾，她爽快地答应了。

公司是全封闭的管理模式，没有太多的人身自由，小霞起初有些不适应，但小芳不断地激励她：“年轻人苦一点没什么，一定要趁着年轻打造出属于自己的一片财富天地！”在公司，每天听着不同的人激情澎湃地演讲，规划着自己的财富梦想。她也有过怀疑，但看到乐观、昂扬的小芳以及其他共同奋斗的姐妹们，大家都怀着“远大”的梦想，她就释然了，也跟着一起规划着自己的财富梦。“培训”期间，每天都有很多人来跟她们讲述自己辉煌的奋斗经历，如何从一个无名小卒走到今天大权在握的管理者位置，如何在同龄人中出类拔萃，从身无分文到家财万贯……起初，小霞心里还不以为然，但是时间一长，她觉得自己也被这种热烈的情绪感染了，心情格外激动，每天都精神抖擞，充满干劲。

上完课，她认真地整理演讲者的笔记，并给自己制定出了一套非常详细的计划，梦想着有一天也能过“人上人”的生活，也拥有让别人仰慕的人生经历。在这种幻想的召唤下，小霞逐渐接受了他们的思想，相信他们说的每一句话。她以为只要按他们的方法去做，自己就真的可以成为一个富有的人，一个成功的人。而事实上，她只不过是做着一个根本不可能实现的“白日梦”。

小霞在公司的生活很单调，公司限制了她的人身自由，不能随意地出去，也不能随便跟家里人联系。小芳不断地开导小霞：“这些是公司为了规范管理才制定的规章制度，没什么大不了，克服了这些困难，你一定会像凤凰涅槃一样获得重生！”慢慢地，小霞在公司的指导下，开始积极地开展工作——发展“下线”，不停地向身边的家人、朋友、同学推荐这个公司，告诉他们，这个公司一定可以把他们变成“人上人”，让他们都成为“百万富翁”。

这个“美好”的梦，小霞还没有来得及做完，就突然破碎了。一天傍晚，当地警方接到群众举报，将这个传销组织的头目抓了起来，解救了小霞和其他一些“新员工”。

当警察告诉小霞她陷入了传销组织时，小霞简直无法相信发生在自己身上的一切，她在警察面前据理力争：“这家公司值得我去奋斗！因为这里有我的梦想，它能让我变得更加成功。”说完后，小霞双手抓着脑袋，不停地抽泣，眼前的一切实在让她无法接受。待小霞冷静后，一个好心的女警察过来耐心地劝慰她：“我们知道你一时无法接受这样的打击。但是，难道你就没有怀疑过这个公司？”小霞湿润的眼里充满了坚定：“我没有考虑别的，我只想早点工作、挣钱，他们能帮我实现财富梦想。”女警察问：“你连人身自由都没有，能实现梦想吗？”小霞笑了笑，竟不乏自豪地说：“虽然我不能出去，但是我内心却感到充实、快乐。”当女警察追问因何感到充实时，她则神秘地说：“那是一个很大的理想，是我的事业，说了你也不懂。”

警察没有办法，只有通知她的父母将她带回家。小霞始终不明白，为什么自己辛辛苦苦为之拼搏、奋斗的财富梦想，自己眼里难得一遇的机会在警察的眼里就成了不合法的?

后来的半年时间里，小霞没有找新的工作，还是通过各种渠道，继续进行这种传销工作，她发展了很多“下线”，成了传销组织的骨干。终于，小霞又一次被带进了公安局。这一次，警察没有解救她，而是以涉嫌组织领导传销罪将她刑事拘留。

妈妈的担忧

亲爱的女儿：

故事中小霞的经历真是让人听来心酸，这样一个积极上进、勤奋努力、有梦想、有追求的孩子就这样被“好友”带上了一条畸形的财富路——传销。

妈妈担心你对传销的种种危害不了解。传销，是违法犯罪行为，传销往往伴随着非法拘禁、制假贩假、走私贩私、强买强卖等大量违法行为，每一个传销网络都是一个欺骗网络，既骗人又被人骗。传销参与者往往会诈骗自己的人脉圈和关系网，导致人际网里的众多家庭被卷进去，导致这些家庭钱财损失巨大，朋友成仇，夫妻陌路，父子反目，兄弟相残，甚至家破人亡。被骗入传销网络的受害者，解脱的方式只有逃脱或发展下线。逃脱势必遭到其他人的阻止，许多为了逃脱传销网络的人，有的被致残甚至致死。一些长期在传销苦海里无法脱身的人，由于长期营养不良，会对身体造成终身伤害。特别是女性，长期营养不良，会导致抵抗力下降，可能会引起贫血或染上妇科病。传销人员长期杂居，也可能感染一些传染病。

妈妈尤其担心的是现在社会上各种传销手段越来越隐蔽，不易识别，你可能一不小心就被它“合法”的外衣蒙骗了，比如不少传销组织以企业招聘、培训的名义进行传销。现在很多大学生渴望成功，希望能尽快出人头地，梦想一夜暴富。传销正是抓住了大家这种心理，通过组织创业讲座、成功就业培训等将你引入传销进行“洗脑”。很多被带入传销的人，荒废了学业、工作和事业，即使脱离了传销，也难以继续以前的学业和事业，造成终生遗憾。同时因经历了传销的“洗脑”，思想和观点很可能偏离正常的轨道，一旦传销暴富梦破碎，很可能走极端，要么自暴自弃，要么仇视社会，走上歧途。

亲爱的女儿，财富要靠自己脚踏实地的付出才能拥有，任何不劳而获的行为都是不可取的，妈妈希望你能时刻保持清醒的头脑，远离传销！

爱你的妈妈

妈妈的4个小贴士

贴士1 暴富思想不能有

任何人的财富都是日积月累才会有的，要靠自己的努力奋斗取得，不能有好逸恶劳、不劳而获的思想。年轻女孩千万不能有一夜暴富的思想，如果总想着一夜暴富，容易走向歧途，被犯罪分子利用。

传销的理念就是“有钱就是成功”，传销的“洗脑”让人不以为耻，反以为荣，认为“今日的欺骗是为了明天的富有”，传销培训出的不受道德约束的成员，已经丧失了正常的思维和道德底线。

贴士2 传销发财不可取

传销是违法的，往往伴随着非法拘禁、偷税漏税、制假贩假、走私贩私、强买强卖等犯罪行为，给参与传销的人员及家庭造成伤害。传销是一定会被查处的，参与传销的人员不仅会被没收所得，还会受到法律的严惩，失去人身自由，即使赚了钱也得不到。妄想通过违法发财，不劳而获，最终将是人财两空、害人害己。

贴士3 识别传销有诀窍

(1) 传销组织抓住求职者求职心切的心理，打着“招工”、“招聘”、“介绍工作”等名义，诱骗求职者进入传销组织。求职就业一定要去正规的人才市场，参加学校、政府组织的人才招聘，对于那些不需要准入门槛，承诺高薪就业的招聘都要小心提防。

(2) 传销组织打着“试点”、“开发”等旗号，谎称得到国家、地方政府“暗中支持”，以所谓“资本运作”、“特许经营”、“连锁销售”等形式，以高额回报为诱饵，诱骗创业者从事传销活动。

(3) 有些传销组织披着合法的外衣，以销售商品为掩护，以高额利润为诱饵，通过发展加盟商、业务员等形式从事传销活动。

(4) 一些传销组织打着“电子商务”、“网络直销”、“网络代理”、“网上学习培训”等幌子，以快速发财致富为诱饵，诱骗大家通过银行汇款缴纳入门费，在网上注册为所谓会员或代理商，发展下线，利用互联网进行传销。

总之，凡是发展上线、下线的，凡是包销产品或是没有营销产品的，凡是进行“洗脑”、灌输一夜暴富的都是传销行为。传销的秘诀就是“金字塔”赚钱模式，“最上面”赚“下面”的钱，层层盘剥。

贴士 4　熟人邀请要三思

传销就是“杀熟”，所以亲友邀请你去旅游或者介绍工作的时候，务必要三思而后行，要了解清楚熟人的情况，不要轻易相信。很多传销团伙都以亲友的名义拉人“下水”，去和亲友会面的时候一定要保持清醒的头脑，不要被别人的甜言蜜语蒙骗，如果遇到类似问题，可以跟父母或阅历丰富的人打电话咨询。

妈妈的 5 个妙招

女生外出，无论到哪里，一定要把行程告诉自己的父母和靠得住的同学朋友，包括出行的目的、时间、地点、陪同的人员等。万一不慎陷入传销组织，亲友可以根据你提供的信息及时来营救。当你身陷传销组织中时，一定不要气馁，要巧妙应对，想方设法脱身。

妙招 1 发出求救信号

(1) 陷入传销后，要想办法发出求救信号。在手机没有被收缴前，可以迅速用手机向亲友发出求救信号。

(2) 可以利用发微博、微信等网络手段，将求救信号发出去。目前网络技术发达，发微博、微信的时候，手机会自动进行定位，方便别人营救。

(3) 向邻居和周围的人求救。如果被困在房间，可以想办法向邻居或路过的人发出求救信号，如传递纸条出去、将求救信号写在人民币上；如果出门，可以用哭闹、大声呼喊、行为怪异等方式引起周围人的注意，寻求别人的帮助。

妙招 2 吓唬犯罪分子

一般陷入传销组织后，传销组织头目会来跟你聊天，摸你的底，你不妨“无意”中透露你在周边有一定的社会关系，而且关系还很“硬”，这样他们会害怕。

妙招 3 时刻保持清醒

传销组织一般以“说服”的方式来进行“洗脑”，具体表现为讲道理、举例子等。你不要轻易做出承诺，也不要与他们争论，保持清醒的头脑，切记只能智取，不可蛮干，尽量避免和传销人员发生正面冲突，确保自己的人身安全。在“洗脑”过程中，一定不要相信传销组织的谎言。

妙招 4 记住重要标识

外出的时候，注意周边的环境和标识，比如路名、商店等，要迅速记下来。在传销人员带你外出的时候，找机会报警或寻求逃跑脱身的机会。

妙招 5 学会掩饰自己

身陷传销组织时，要懂得掩饰自己的行为，表面上要迎合传销人员和传销组织的安排，不和传销人员发生肢体和语言冲突，确保自身的人身安全。手机可以自由使用的时候，记得报警或者尽量在隐蔽的地方向熟人暗示自己的处境，向他们寻求帮助。如果有了逃跑的机会，一定要有周密的计划才能进行。

7. 自救，沉着冷静

妈妈听到的故事

大火吞噬的青春

小玲、小雪、珊珊、瑶瑶都是大四的毕业生，她们和另外两个女生同住一间寝室，但她们四人却因为一场意外，在最美好的年龄，将命运断送在了无情的大火里。

那是一个严寒的深冬，六个姐妹都窝在寝室里玩电脑。

珊珊看了看电脑右下角的时间说："哎，都快五点半了，我去打水洗澡了，再晚点估计热水都没了。"

"你急什么啊，'神器'在手，还怕没热水洗澡？看，我昨天去街上买了'热得快'！"小雪得意地拿出"热得快"递给了珊珊。

"学校不让用'热得快'啊，到时候引起火灾怎么办？"珊珊带着疑虑的神情说道。

"隔壁寝室一直用'热得快'烧水，也没出过啥问题啊，有什么好怕的，要不我先用了。"瑶瑶从珊珊手里拿过"热得快"，准备烧水。

瑶瑶接了满满一瓶水，把"热得快"插好，就坐在电脑前继续看电视剧了。时间一分一秒地过去，而瑶瑶似乎已经忘记了她在烧开水。

大约过了半小时，"嘭"的一声，寝室的女孩们吓了一跳。

瑶瑶一扭头，看见"热得快"的线已经烧着，紧接着，寝室里的电突然断掉了。火苗像一条贪婪的小蛇，迅速地窜到了旁边挂着的衣物上、蚊帐上、被子上……

"啊？快救火！我去接水。"离门较近的两名女生先反应过来，拿起脸盆、水桶等工具冲到公共水房取水，小玲，小雪，珊珊和瑶瑶则留在房

中灭火。

偏偏这个时候是用水的高峰期，出水很慢，两个取水的女生好不容易才接了半桶。取水回来后，无论她们怎么推、怎么踢，寝室门都无法打开。因为室内火势迅速扩大，温度高，木制的寝室门被烧得变了形，被火场的气流牢牢吸住了。她们只好去找隔壁寝室的女生求助，隔壁女生看到火势突然变大，心生畏惧，也不敢贸然前去营救。

不一会儿，大火越烧越旺，寝室温度太高，小玲、小雪、珊珊和瑶瑶被浓烟逼到阳台上。蹿起的火苗不断扑来，吓得她们大声尖叫。隔壁宿舍女生见状，忙将蘸过水的湿毛巾从阳台上扔过去，想让她们蒙住口鼻，争取营救时间。

宿舍楼下，大批被紧急疏散的学生纷纷往楼上喊话，鼓励她们不要慌乱，等待消防队员前来救援。四个姐妹无助地抱在一起，嚎啕大哭。时间一分一秒地过去，在凶猛的火魔面前，她们渐渐失去了信心。

火势越来越大，又一团火苗蹿出后，小玲的睡衣被烧着了，惊慌失措的她大叫一声，用手扑腾了两下，衣服上的火苗越烧越旺，小玲想都没想就从六楼阳台跳下，摔在底层的水泥地上。

看到这一幕后，小雪和珊珊也慌了。楼下男生们大声喊着："冷静！不要跳，不要冲动！"一条火苗窜到她们脸上，小雪和珊珊高声惊叫着，顾不得多想，也纵身一跃，消失在众人的视野中。

三名室友先后跳楼，让瑶瑶没了主意。她在阳台上来回转了好几圈后，决定翻出阳台跳到五楼逃生。可她刚拉住阳台外栏杆，还没找准跳下的位置，双臂已支撑不住，一头掉了下去。

与此同时，滚滚浓烟灌进了隔壁寝室，将屋内三名女生困在阳台上。所幸消防队员接警后及时赶到，强行踹开宿舍门，将女生们救了出来。此时，距四名女生跳楼求生不过几分钟时间。

120急救车也马上来到了现场，可小玲和小雪已经当场死亡，瑶瑶和珊珊被送到医院抢救。不幸的是，他们终因伤势过重，遗憾地离开了人世。

妈妈的担忧

亲爱的女儿：

听了这个故事，我想你心里一定很难受。在青春最美好的年龄，四个女孩，因为一场大火，瞬间失去了生命，这是多么让人扼腕叹息的事情！

女儿，妈妈从你出生开始，一直都悉心地照顾着你，生怕你受到一丁点的伤害，但是，你现在长大了，要慢慢开始独立地生活，不可能永远在妈妈的呵护下成长。

这个世界瞬息万变，我们可能随时都会面临一些巨大的自然灾害，比如地震、洪水、台风、泥石流、山体滑坡……你可能会觉得这些灾难离我们很遥远，是的，我们现在生活的地方，发生这些自然灾害的几率比较小。

但是，妈妈担心你今后和朋友们去野外旅游，担心你今后可能会去支教、出差、调研等等，也许会去可能发生这些自然灾害的地方，所以，妈妈希望你现在就能掌握一些自然灾害逃生的知识，在灾难真正来临的时候，能够从容不迫地应对。

生活中，妈妈努力培养你的独立意识，让你学着做家务，学着自己处理一些事情，妈妈觉得你既懂事又勤劳，妈妈是多么欣慰啊！

但在欣慰的同时，妈妈也是满心担忧的：担心你做饭时忘记关燃气，担心你不小心引起火灾，担心你使用电器不当引发触电，担心你不小心被烧伤烫伤，担心你误食了有毒的食物……这些事情虽然琐碎，但是每一样都有致命的危险。所以，妈妈希望你在生活中要谨慎小心，切莫忽视了生活中的这些安全隐患，快快乐乐地做事，健健康康地成长。

女儿，你知道吗？你每天早上出门，妈妈都目送你好远。每天下班最期待看到的，就是你快乐回家的身影。直到看到你平安地回来，妈妈悬着的心，才会放下来。

尽管妈妈每天都叮嘱，但还是担心你发生交通意外。你现在每天坐公交车上学，你是个急性子，妈妈总担心你追赶公交发生意外，担心你遇到坏人，也担心你脾气倔，在车上和别人发生口角，更担心路上来来往往的“马路杀手”……每年的寒暑假，妈妈都会带你出远门，有时候是坐火车，有时候是坐飞机，这些交通工具，能够给我们的生活提供便利，也会增加生活风险。所以，妈妈每次都会跟你讲乘坐这些交通工具的注意事项，希望你能记在心里。

另外，妈妈也十分担心你在户外的安全。你现在长大了，有了自己的朋友圈，有时候会和朋友们出去野外游玩，户外活动是刺激的，同时也是暗藏危险的，随时可能遇到一些你意想不到的困难，妈妈希望你在户外活动前，先了解这些方面的知识，做好准备，不要盲目地涉足户外。

女儿，无论你长到多大，你永远是妈妈手心里的宝贝，妈妈希望你永远平安幸福，所以，请你一定要珍爱自己的生命，远离危险区域，在危险来临时，学会逃生和自救，永远健康快乐。

爱你的妈妈

妈妈的66个小贴士

一、自然灾害

(1) 地震

贴士1　地震来时“跑为上计”

破坏性地震从人感觉震动到建筑物被破坏平均只有12秒钟，在这短短的时间内应根据所处环境迅速做出保障安全的抉择。如果住的是平房或一楼，应迅速跑到门外空旷处，用被子、枕头、安全帽护住头部。在跑的时候不要慌张，要观察周边的情形，注意防止碎玻璃、屋顶上的砖瓦、广告牌等掉下来砸在身上。此外，水泥预制板墙、自动售货机等也有倒塌的危险，不要靠近这些物体。

贴士2　寻找“活命三角区”

发生地震来不及跑到户外的，要找到可以构成三角区的空间去躲避，物体越结实，形成三角区的空间就越大，靠近大而坚固的物体，蜷缩自己的身子靠下，抓住枕头护住自己的头，用湿毛巾护住自己的口鼻，防止烟尘呛。

贴士 3　有序撤离防余震

地震过后有序地撤离，以防强余震。在街道上遇到地震，应用手护住头部，迅速远离楼房，到街心一带。在郊外遇到地震，要注意远离山崖、陡坡、河岸及高压线等。地震之后不要再回自己家里睡觉，防止余震时难以逃脱。要选择在广场、操场、宽阔的街道等安全地带支撑起帐篷睡觉。

贴士 4　保存体力待救援

如果震后不幸被废墟埋压，要尽量保持冷静，设法自救。无法脱险时，要保存体力，尽力寻找水和食物，创造生存条件，耐心等待救援。

(2) 洪水

贴士 1　尽快撤离

如果洪水来了，要按照预先选择好的撤离路线，尽快撤离容易被洪水淹没的地区，转移到安全地带。

贴士 2　往高处走

如果洪水来势迅猛，来不及撤离，一定要尽量保持镇静，不要惊慌，要尽快逃向高处，如坚固建筑的屋顶、山丘、高坡，或爬上大树，等待救援。如果人在树上，最好用绳子把自己绑在树上，以免掉下来。

贴士 3　抓住“救命稻草”

万一被洪水卷走，要尽可能抓住木板、树干等漂浮物，不让身体下沉，等待救援。如果没有东西可抓，千万别慌，应尽量采取仰卧位，让口鼻露出水面，深吸气，浅呼气，使身体漂浮水面，等待救援机会。

贴士 4　巧发求救信号

有可能的话，可用手机拨打“110”、“120”、“119”等求救电话或家人朋友的电话，告诉他们自己的位置和出现的险情，争取救援。或用手电筒发出的光线、吹哨子的声音、挥动旗帜和鲜艳的衣物等发出求救信号，引起救援人员的注意，争取救援。

(3) 雷电

贴士 1　识别雷击前的征兆

当你站在一个空旷的地方，如果感觉到身上的毛发突然站起来，皮肤感到轻微的刺痛，甚或听到轻微的爆裂声，发出“叽叽”声响，这就是雷电快要击中你的征兆。遇到这种情况，你应马上蹲下来，身体倾向前，把手放在膝盖上，曲成一个球状，千万不要平躺在地上。

贴士 2　巧妙躲避雷击

雷电通常会击中户外最高的物体尖顶，所以孤立的高大树木或建筑物往往最易遭雷击，女孩在雷电大作时，在户外应遵守以下规则，以确保安全。

①雷雨天气时不要停留在高楼平台上，在户外空旷处不宜进入孤立的棚屋、岗亭等。

②远离建筑物外露的水管、煤气管等金属物体及电力设备。

③不宜在大树下躲避雷雨，如万不得已，须与树干保持 3 米以上距离，下蹲并双腿靠拢。

④如果在雷电交加时，头、颈、手处有蚂蚁爬走感，头发竖起，说明将发生雷击，应赶紧趴在地上，这样可以减少遭雷击的危险，并取下身上佩戴的金属饰品如发卡、项链等。

⑤如果在户外遭遇雷雨，来不及离开高大物体时，应马上找些干燥的绝缘物放在地上，并将双脚合拢坐在上面。

⑥在户外躲避雷雨时，应注意不要用手撑地，而要双手抱膝，胸口紧贴膝盖，尽量低下头，因为头部较身体其他部位最易遭到雷击。

⑦当在户外看见闪电几秒钟内就听见雷声时，说明正处于接近雷暴的危险环境，此时应停止行走，两脚并拢并立即下蹲，不要与人拉在一起，最好使用塑料雨具、雨衣等。

⑧在雷雨天气中，不宜在旷野中打伞，或高举羽毛球拍、高尔夫球棍等金属制品；不宜进行户外球类运动，雷暴天气进行高尔夫球、足球等运动是非常危险的；不宜在水面和水边停留；不宜在河边洗衣服、钓鱼、游泳等。

⑨在雷雨天气中，不宜快速开摩托、快骑自行车和在雨中狂奔，因为身体的跨步越大，电压就越大，也越容易伤人。

⑩在雷雨的天气，不要打手机。雷电干扰大气电离层离子波动，手机的无线频率跳跃性增强，相当于在云层与人体之间建立了一种联系，将雷电引到手机拨打者身上，所以在雷雨天气，最好关闭手机。

贴士 3　被雷电击中要争分夺秒抢救

被闪电击中后，强大的电压使人的心脏停止跳动，因此死因是心脏受损，而不是被灼伤。所以如果能在 4 分钟内以心肺复苏法进行抢救，可能还来得及挽救生命，让心脏恢复跳动。如果遇到一群人被闪电击中，那些会发出呻吟的不要紧，先抢救那些已无法发出声息的人。

被雷电击中要争分夺秒抢救，人一旦遭到雷击，轻者可出现惊恐、头晕、头疼、面色苍白、四肢颤抖、全身无力等，部分伤者会有中枢神经后遗症，如视力障碍、耳聋、耳鸣、多汗、精神不宁、四肢松弛性瘫痪等。严重的可出现抽搐、休克、昏迷，甚至呼吸、心跳停止。有些还因瞬间被击倒在地或者在高处被击中跌落而引起脑震荡，头、胸、腹部外伤或四肢骨折。

你需要记住的是：120 救护车不能 5 分钟就赶到你身边，而有效的急救方法对某些病症往往可以起到事半功倍的作用。心肺急救知识是人们最应具备的基础知识。当发生意外伤害，呼吸困难甚至停止时，如不及时进行急救，很快造成死亡。受到雷击的人可能被灼伤或者严重休克，若心跳停止，应马上进行胸外心脏按摩，加以人工呼吸。

(4) 台风

贴士 1　尽量不外出

台风期间，尽量不要外出行走。呆在家里、学校或其它可以躲避风雨的场所，等待台风过后再外出。

贴士 2　外出穿好“防护服”

倘若不得不外出时，应弯腰将身体紧缩成一团，一定要穿上轻便防水的鞋子和颜色鲜艳、紧身合体的衣裤，把衣服扣好或用带子扎紧，以减少受风面积，并且要穿好雨衣，戴好雨帽，系紧帽带，或者戴上头盔。

贴士 3　切莫顺风跑

行走时，应一步一步地慢慢走稳，顺风时绝对不能跑，否则就会停不下来，甚至有被刮走的危险，要尽可能抓住墙角、栅栏、柱子或其它稳固的固定物行走。

贴士 4　防止“飞来横祸”

在建筑物密集的街道行走时，要特别注意落下物或飞来物，以免被砸伤。走到拐弯处，要停下来观察一下再走，贸然行走很可能被刮起的飞来物击伤。经过狭窄的桥或高处时，最好伏下身爬行，否则极易被刮倒或落水。

贴士 5　备足“粮草”

野外旅游时，听到气象台发出台风预报后，能离开台风经过地区的要尽早离开，否则应备足罐头、饼干等食物和饮用水，并购足蜡烛、手电筒等照明用品。

二、生活意外

(1) 火灾

贴士 1　争分夺秒，丢车保帅

遇到火险，一定要记住生命是最重要的，切莫贪恋钱财、首饰、衣物等，要尽快逃生，以免错过最佳的逃生时间。

贴士 2　巧发求救信号

发生火灾时，可以在阳台、房顶、窗口等地方向外大声呼救，让救援人员听到。夜间可敲打金属物件、利用手电筒等，发出求救信号。

贴士 3　捂鼻护嘴，贴地行走

火灾会产生大量浓烟，一旦吸入身体，往往会对人体产生致命伤害。

要尽量紧贴地面行走，用湿毛巾或手帕捂住口鼻，往上风处躲避烟火的伤害，快速逃生。

贴士 4 卫生间避难

发生火灾，可利用卫生间避难，可以把水泼在门上和墙上，也可以从门缝向外面喷射，达到降温和控制火势蔓延的目的。如果火势太大则应该尽快逃离。

贴士 5 寻找“生命之绳”

发生火灾时，要利用一切可以利用的资源。当楼梯火势猛烈无法逃生时，可以将绳索、防水带、床单、窗帘等，撕成条连接，拴在牢固的门窗上，再顺着绳索滑下。

贴士 6 毛毯隔火法

将毛毯等织物钉或夹在门上，并不断往上浇水冷却，以防止外部火焰及烟气侵入，从而达到抑制火势蔓延的目的，争取更多的逃生时间。

贴士 7 管线下滑法

当建筑物外墙或阳台边上有落水管、电线杆、避雷针引线等竖直管线时，可借助其下滑至地面，同时应注意一次下滑时人数不宜过多，以防止逃生途中因管线损坏而致人坠落。

贴士 8 打滚灭火

如果身上着火，要立即脱去衣服帽子，卧倒在地上打滚，把身上火苗压熄。切记不可惊慌乱跑，那样会使火势变得更加凶猛。

贴士 9 棉被护身法

将用水浸泡过的棉被或毛毯、棉大衣盖在身上，确定逃生路线后用最快的速度钻过火场并冲到安全区域。

贴士 10　跳楼求生法

火场切勿轻易跳楼！在万不得已的情况下，住在低楼层的居民可采取跳楼的方法进行逃生。但要选择较松软的地面作为落脚点，并将席梦思床垫、沙发垫、厚棉被等抛下做缓冲物。

贴士 11　逃生不坐电梯

普通电梯在火灾时由于切断电源而停止使用；电梯井直通大楼各层，烟、热、火容易涌入，烟与火的毒性或熏烤会危及生命；在高温下，电梯会失控甚至变形；灭火时，水容易流到电梯内，会造成触电的危险。所以，火灾发生时，不要乘坐普通电梯逃生，最好选择走楼梯。

(2) 溺水

贴士 1　水母漂

如果落水，没有可以利用的漂浮工具，可用水母漂的方式自救。深吸气之后，将头向下沉入水中，双脚与双手向下自然伸直，与水面略成垂直，如水母状漂浮。当换气时，双手向下压水，双脚前后夹水，再抬头，利用瞬间吸气，然后继续漂浮状态，如此反复进行便可在水中持续漂浮很长时间。

贴士 2　踩水

踩水是最基本的落水自救技术之一。踩水以下肢的动作为主，头露出水面，双手由胸前向两侧做摇橹拨水。拨水时，手掌应与水面略呈45度角，加大划水的阻力，使身体易于上浮。有两腿交替踩水和同时蹬夹水两种。

贴士 3　规律呼吸

规律呼吸是在水中保持有规律的一沉一浮的呼吸动作。动作要领是：身体自然放松。在水面上吸一口气后，双手上举，掌心向上拨水，双腿伸直下沉，下沉的深度约30厘米即可；然后掌心向下，双手由身体两边下压，使身体上浮。如此反复进行，便可持续一段时间，以待救援。

贴士 4　仰浮

人在水中浮起来的程度决定于人自身的比重和水环境的比重。如果一个人的骨骼和肌肉占身体成份的比重较大，就不易在水中保持浮起状态。因此在水中应充分放松，尽量做深呼吸，将身体沉入水中屏住呼吸就相对容易浮在水面。

贴士 5　藉物漂浮

藉物漂浮，利用可漂浮物如木板、球类、塑料筒具或翻扣的木船、船桨等当浮具，漂浮在水面上等待救援。

贴士 6　“温柔”对待施救者

如有人跳水相救，自己要尽量放松，在身体不沉的情况下，等待施救者的救援，不可紧紧抱住施救者，否则，可能使两人同时丧命。

(3) 触电

贴士 1　牢记用电知识

定期检查、维修电器设备，遵守用电规定，不能乱接电线，不能在通电的电线上晒衣物，不能接触断落的电线，雷雨天不要站在高墙上、树木下、电杆旁或天线附近。

贴士 2　摆脱电源

在触电后的最初几秒内，人的意识并未完全丧失，触电者可用另一只手抓住电线绝缘处，把电线拉出，摆脱触电状态。如果触电时，电线或电器固定在墙上，可用脚猛蹬墙壁，同时身体往后倒，借助身体重量甩开电源。

贴士 3　不碰触电者

发现有人触电后，立即切断电源，拉下电闸，或用不导电的竹、木棍将导电体与触电者分开。在未切断电源或触电者未脱离电源时，切不可触摸触电者。

贴士 4 人工呼吸施救

对呼吸和心跳停止者，应立即进行拳击复苏、口对口的人工呼吸或心脏胸外挤压，直至触电者呼吸和心跳恢复为止。条件允许的情况下，直接给予氧气吸入更佳。

贴士 5 送医

在就地抢救的同时，尽快呼叫医务人员或向有关医疗单位求援。

（4）烧伤烫伤

热力烧伤

贴士 1 脱离热源

火焰烧伤时患者应迅速脱去着火的衣服；一时难以去除则立即卧倒在地，慢慢打滚灭火。应充分利用附近的水源将火浇灭，危急时可跳入附近的水池或小河中。勿用手扑打火焰，扑打会使火焰烧得更旺，使手部遭受深度烧伤。

热液、开水烫伤时，应立即脱去浸湿的衣服，若来不及脱衣服，可用冷水冲洗湿热衣服降温。否则衣服上的热将继续作用于创面使之加重。

贴士 2 冷疗

冷疗是用冷水对创面进行淋洗、冷敷、浸泡，或用包裹冰块的毛巾等冷敷，适用于中、小面积烧伤。冷疗可以起到降温、止痛和减轻局部肿胀的效果。

冷疗开始的时间越早越好，冷疗温度在患者可以耐受的前提下要尽可能低，最常用且方便的是 5 ～ 15℃的自来水。冷疗持续时间最好达到 20 ～ 30 分钟，有时需一小时以上，直至创面不感疼痛或疼痛显著减轻为止。

贴士 3 烧伤创面无需特殊处理

烧伤创面可用清洁的被单或毛巾外裹，然后至烧伤专科医院就诊。忌涂抹有颜色的药物，如红汞、龙胆紫等，以免影响对创面深度的判断。慎用牙膏、油膏等，以免清创困难，热量不能及时散发。

化学烧伤

被酸、碱等腐蚀性化学品烧伤时，应立即脱去浸渍化学物质的衣服，吸干残留物质，然后迅速用大量流动清水长时间冲洗创面，冲洗时宜用冷水。任何部位的化学烧伤均忌用热水冲洗。冲洗时间一般持续15～30分钟。

(5) 摔伤扭伤

贴士1　不能随便扭动

人们在扭伤四肢的时候，常常会不由自主地转动或者按摩，然而很多时候随便扭动反而会使损伤的部位症状加重，尤其在没有进行确切的诊断之前，更不应该随便活动已经扭伤的部位。如果是上臂骨折最好把手臂放在心脏水平的位置上，如果是下肢则要把腿抬到膝盖水平以上的位置。

贴士2　不能热敷，要冷敷

很多人在摔伤、扭伤以后习惯用热毛巾敷在受伤部位，感觉这样可以减缓疼痛。其实这种做法是不对的，因为一般摔伤扭伤会造成毛细血管出血。热敷可使血管进一步扩张以后，血肿得更厉害，以后的愈合就愈发慢，而冷敷可以控制毛细血管出血量。所以对损伤部位切勿热敷，如果觉得疼痛难忍可以用冰块冷敷。

贴士3　不要随便乱用药

红花油在很多人的生活中都存在，在跌打损伤后擦点更是常见。但是当摔伤、扭伤造成毛细血管破裂以后，涂抹红花油会促使血液流量加快，使肿胀加重。需要特别注意的是皮肤破溃和过敏的患者不宜使用红花油。

还有部分人在摔伤、扭伤后不去医院治疗，而是自行购买一些跌打损伤膏贴在受伤部位。跌打损伤膏可以让药物通过人体皮肤迅速渗透，产生活血行气，舒筋散结的作用。可是如果扭伤处已经发生了骨折，贴上膏药只会暂时缓解表面症状，骨折的部位不会因此长好，还容易发生错位，最后造成骨骼畸形。

(6) 被困电梯

贴士 1　警铃电话求救

电梯出现故障，可以按动电梯内的警铃或者电话按钮，向值班人员求救。即使电梯停电，电梯内也会有足够的应急照明（大约支持 1 小时），应急电话系统也会工作 1 个小时左右。值班人员会通知维修人员及时赶到。如果电梯内该应急通话系统由于某种原因不能通话，可以通过手机拨打电梯内张贴的应急服务电话，通知维修人员及时赶到，记得讲清楚自己所在的具体位置。

贴士 2　呼喊求救

如果以上两种方法不起作用，或者手机没有信号，可以通过拍打电梯门等方法制造声音，或者大声呼叫通知电梯外的人员，让他们帮忙通知大楼所在的物业或者管理中心。

贴士 3　千万别扒门

电梯出现故障，在通知维保人员之后，在电梯内等待是最好的办法，扒门等其他操作都会带来危险。

贴士 4　巧对电梯下坠

电梯下坠时保护自己的最佳动作：把每一层楼的按键都按下，如果电梯内有把手，请一只手紧握把手，整个背部跟头部紧贴电梯内墙，呈一直线，膝盖呈弯曲姿势，踮脚，电梯中人少的话最好把两臂展开握住扶手或贴电梯壁。

贴士 5　保存体力待救援

被困电梯时，只要电梯不坠落，一般不会有太大的安全问题。如果适逢停电，或者手机在电梯内没有信号，一定要保持镇静，不要一直大喊大叫，要保存体力，伺机待援。稳定情绪之后，把铺在电梯轿厢地面上的地毯卷起来，将底部的通风口暴露出来，达到最好的通风效果。

(7) 被动物咬伤

贴士 1　冲洗伤口

被猫、狗等动物咬伤后，切忌长途跋涉到医院求治，应该立即、就地、彻底冲洗伤口。万一找不到水源，甚至可以用人尿来冲洗，尽快把沾染在伤口上的病毒冲洗掉。由于被咬伤口往往外口小，里面深，在冲洗时，尽量把伤口扩大，充分暴露，并用力挤压伤口周围软组织，最好是对着水龙头急水冲洗。

贴士 2　严格消毒

在彻底冲洗后，用 2% ～ 3% 碘酒或 75% 酒精涂于伤口，以清除或杀灭局部的病毒。

贴士 3　接种疫苗

除非因伤口大，且伤及血管需要立即包扎止血外，一般不上任何药物，也不要涂红药水或包上纱布。反复冲洗伤口后，再送医院做进一步处理，并在 24 小时内接种疫苗。

(8) 食物中毒

贴士 1　饮水

立即喝大量干净的水，以便对毒素进行稀释。

贴士 2　催吐

如果进食受污染食物的时间在 1～2 小时内，可使用催吐的方法。用手指刺激咽喉部，尽可能将胃里的食物吐出。

贴士 3　导泻

如果进食受污染的食物时间超过 2～3 小时，但精神仍较好，则可服用泻药，促使受污染的食物尽快排出体外。

贴士 4 解毒

如果食物中毒是因为吃了变质的鱼、虾、蟹等所引起。可取食醋 100 毫升，加水 200 毫升，稀释后一次服下。另外，还可采用紫苏 30 克、生甘草 10 克一次煎服。若误食了变质的防腐剂或饮料，最好的急救方法是用鲜牛奶或其他含蛋白质的饮料灌服。

贴士 5 送医

如果经过上述急救后，症状依然不见好，应立即送医院抢救。

三、交通意外

(1) 车祸

贴士 1 两个时间段是自救“黄金点”（汽车行驶时落水）

汽车落水后自救的最佳时机有两个：第一，车辆刚落水的第一时间；第二，车厢全部充满水，里外水压一样时。

如果是在密闭车窗的情况下落水，水不可能一下子灌满车厢。一般来说车辆落水的短时间内蓄电池还能继续使用，这时候可以启动门窗升降系统，把车窗先打开一部分，让水先进入车内，等车内外的水压平衡后，再把门窗全部打开。

如果车门窗已经无法电动或手动打开，剩下的办法就是尽可能找出铁锤之类的尖锐器械，把侧窗玻璃敲开。敲玻璃时是有技巧的，可以尝试敲打玻璃的四个角。

贴士 2 按次序下车不要乱动（汽车冲出路面）

严重交通事故最常见的是汽车冲出路面，这时千万不要惊慌乱动，应等驾驶员把车子停稳之后，再按次序下车，以免造成翻车事故。不要在车身不稳时下车，这会造成危险。当汽车冲出路面发生翻滚时，应用双手紧握并紧靠后背。

贴士3 两脚一前一后向前蹬（发生撞车时）

如果撞车已不可避免，为了减速，可冲向能够阻挡的障碍物。较软的篱笆比墙要好，它们可使你逐渐减速直至停车。

没系安全带，最好不要试图硬撑着去对抗冲撞。在倒向冲撞点的瞬间应尽早远离方向盘，双臂夹胸，手抱头。经验证明副驾驶位是最危险的座位，如果坐在该处的话，首先要抱住头部躺在座位上，或者双手握拳，用手腕护住前额，同时屈身抬膝护住腹部和胸部。

如果坐在后座，最好的防护办法是迅速向前伸出一只脚，顶在前面座椅的背面，并在胸前屈肘，双手张开，保护头面部，背部后挺，压在座椅上。

车祸发生时，也可迅速用双手用力向前推扶手或椅背，两脚一前一后用力向前蹬。汽车相撞发生火灾的可能性极大，所以撞击一停止，要尽快设法离开汽车。

贴士4 3分钟灭不了就要远离（汽车起火时）

当汽车发动机发生火灾时，应迅速停车，切断电源，取下随车灭火器，对准着火部位的火焰正面猛喷，扑灭火焰。

一般来讲，私家轿车着火应争取在3分钟内扑灭，如果燃烧时间超过3分钟，危险太大，应以弃车逃生为妙。

当公共汽车发生火灾时，由于车上人多，要特别冷静果断，首先应考虑到救人和报警，视着火的具体部位来确定逃生和扑救方法。如着火的是公共汽车的发动机，应开启所有车门，从车门下车，再组织扑救火灾。如果着火部位在汽车中间，开启车门后，应从两头车门下车，再扑救火灾、控制火势。如果车上线路被烧坏，车门开启不了，可利用车内配备的逃生锤将窗户玻璃敲碎后逃生。如果火焰封住了车门，车窗因人多不易下去，可用衣物蒙住头从车门处冲出去。

(2) 客船失火

贴士1 寻找逃生标志

乘坐客船遇到火灾时，不要盲目跟随别人乱跑乱闯，一方面要注意倾听广播引导，一方面要寻找逃生指示标志，通过安全通道自救或互救逃生。

贴士 2 巧用逃生设备

当客船在航行时机舱起火，要按照工作人员引导，向客船的前部、尾部和露天板疏散，必要时可利用救生绳、救生梯向水中或救援船只上逃生，也可穿上救生衣跳进水中逃生。如果火势蔓延，封住走道，来不及逃生时可关闭房门，不让烟气、火焰侵入，等待救援。

贴士 3 封闭火源

当客船上某一客舱着火时，逃出后应随手将舱门关上，以防火势蔓延。若火势已窜出房间封住内走道时，应关闭靠内走廊的房门，从通向左右船舷的舱门逃生。

贴士 4 往甲板逃生

当客船前部某一楼层着火，还未延烧到机舱时，应迅速往主甲板、露天甲板疏散，然后，借助救生器材逃生。

贴士 5 缆绳逃生

当船上大火将梯道封锁，无法向下疏散时，可以疏散到顶层，然后向下施放缆绳，沿缆绳下滑逃生。

8. 夜店，迷醉泥潭

妈妈听到的故事

夜店魅影

望着墙上璐璐的遗像，小倩自责地呜咽着："对不起，璐璐，我再也不会去夜店了。如果一切可以重来，那该多好……"

小倩和璐璐是正值青春年华的妙龄女孩，心不设防，喜欢寻求各种刺激……最近听几个朋友讲去夜店有多么好玩，多么让人大开眼界，有黑暗、奇异、裸露、欲望、迷离……同枯燥无趣的学习生活相比，那简直太有诱惑力了！小倩心里痒痒的，总想着什么时候和朋友们去"开开眼界"、"见见世面"。

机会终于来了，那天是小倩生日，她请了璐璐和其他几个好朋友去一家夜店庆祝。虽然对夜店的种种危险略有耳闻，但她们想着人多势众，只要多加小心，应该没什么问题。

昏暗的灯光不停地摇摆，夜店耀眼的旋转灯强烈地刺激着人们的视觉，劲爆的音乐震耳欲聋，舞池里疯狂扭动的身体……小倩和朋友们很快就被热烈的气氛感染了。小倩尤其高兴，看着朋友们很嗨的模样，心里十分满足，不惜"一掷千金"，从吧台买了许多酒和饮料。

正当大家玩得起兴，喝得晕晕乎乎时，一个打扮入时的年轻男人走过来，手里捏着几颗糖丸似的东西，在迷离闪烁的灯光下，发出幽幽的蓝光，显得格外好看。他笑着问小倩："这是最新款的'蓝精灵'药片，有兴趣买几颗吗？蹦迪更嗨哦！"此时，小倩喝得有些意识模糊，她的朋友们也都东倒西歪地躺在沙发上，起哄地大声嚷着："买！买！"小倩没多想，觉得那么多人都试过，只吃一颗应该没什么大问题，看看是什么感觉。再者，今天自己是寿星，大家玩得那么兴奋，看到朋友们有点期待地看着那个蓝幽幽的东西，也不忍扫了大家的兴致，正好带的钱比较充足，就爽快地买了几颗。

年轻男人拿了钱匆匆离开，小倩看着大家把药片混着饮料喝下，自己也吞了一颗。几分钟后，体内的酒精混着药片发挥作用，小倩觉得体内有股热气憋得慌，视力也渐渐失去焦点，大家更兴奋了，很快就进入了亢奋状态。随着强劲的音乐和闪烁的灯光，她们在舞池中尽情地跳着，疯狂地舞着，仿佛身躯不再属于自己。一支曲子过后，另一支更劲爆的曲子充斥耳膜，让人意识模糊，心脏狂跳。

小倩只吃了一片药丸，意识相对清醒些，迷迷朦朦瞟了一眼同伴，发现好友璐璐不见了。去洗手间了？还是在沙发上休息？小倩没多想，继续疯狂地蹦迪。约摸过了半小时，小倩踉跄着去洗手间。这时璐璐妈妈打来电话："璐璐手机怎么关机了？你们在哪里玩？"小倩迷迷糊糊地回答："在夜店呢，忙得很！"说完就挂了电话。没过几秒，电话又响了，小倩刚按下接听键，就被一个人捂住嘴巴拖出了卫生间。电话里璐璐妈妈焦急地问着："喂？在吗？小倩……"小倩被拖到夜店外的一辆面包车上，凉风一吹，她顿时清醒了。她发现自己的嘴巴被胶布粘着，还看到车后座上躺着已经不省人事的璐璐，心里的恐惧瞬间陡升。小倩看到车上有几个男人，其中一个就是卖给自己"蓝精灵"的年轻男子。小倩马上明白过来：被骗了！他们要带自己和璐璐去哪里？想到新闻里关于女孩被骗被拐卖的事件，小倩顿时陷入了绝望。

忽然，不远处有警车的声音传来，她以为是自己幻听，可是看见那些男人惊恐的表情，她猜到有人报警了，自己有救了！警察很快就包围了面包车，绑匪都慌了神："我们有人质，不要过来！""放了人质，我们让你们走！"警察一边说服劫匪，一边让另一拨人从侧面解救人质。

小倩还没反应过来，就疼得一声惨叫，原来是"绑匪"在反抗时，匕首划到她脸上和胳膊上，鲜血汩汩地往外流。警察很快制服了绑匪，救出了小倩和露露。

小倩逃过一劫，可是送去抢救的璐璐却再也没有醒来。法医鉴定结果显示，由于酒精、毒品同时起作用，加上封在嘴上的黑胶带太严实，璐璐窒息而死。报警后赶来的璐璐妈妈抱着璐璐的尸体，不停呼喊着她的名字，悲痛欲绝。看到这一切，小倩陷入无尽的痛苦和悔恨中。

小倩的脸上和手臂上留下两条难看的伤疤，但她并不刻意去美容遮丑。她含着泪说："这个丑陋的伤疤永远提醒着我，警告我，夜店里暗藏着怎样的危险。璐璐的死是我心底永远无法弥补的悔恨，我希望女孩们一定要远离夜店，远离诱惑。"

妈妈的担忧

亲爱的女儿：

在这个故事里，两个女孩都是和你一样的青春少女，因为贪恋夜店的迷醉生活，没有意识到夜店里暗藏的危险，最终酿成了悲惨的结局。

妈妈担心你出于好奇或受人邀请去夜店，迷恋上夜店纸醉金迷的生活，从此走向堕落。改革开放以后，中国引进了很多西方的先进技术和经验，同时，一些不良的生活方式和颓废的消费文化也慢慢渗入进来，夜店就是其中之一。这些年来，夜总会、迪厅、舞厅、酒吧、KTV等越来越多，吸引了无数的少男少女，也让很多的花季少年迷失了自我，坠入了堕落的深渊。

妈妈担心夜店鱼龙混杂的环境会给你带来伤害。夜店里什么样的人都有，很多游手好闲的人，专门在夜店里消磨时光，看到单纯、可爱的女孩，就围拢过来，如果女孩缺乏防范意识，很容易就上当受骗。夜店里环境极端恶劣，抽烟、酗酒、打架斗殴，什么样的事情都有可能发生，加上年轻人居多，喝酒之后，很容易因为冲动发生事故。

妈妈尤其担心你误入吸毒的泥潭。你知道染上毒瘾的可怕吗？一旦染毒，就人不像人，鬼不像鬼，家也不成其为家了。许多原来善良、单纯的女孩，就因为去了夜店，在那里认识了一些不好的朋友，被这些狐朋狗友诱导着，走上了吸毒的不归路，最后家破人亡。

亲爱的女儿，你一天天长大，如果有一天，你遇到失恋、工作失败等事情让你情绪低落，难以排遣，你也不要随便到夜店去释放压力，夜店所潜伏的危险，会让你的痛苦更大，让你的生活更加一团糟，那里灯红酒绿的生活会让你精神萎靡，生活颓废，更加不能自拔。记住，遇到心烦的事情，你可以跟妈妈倾诉，跟好朋友倾诉，出去旅行等等，都比去夜店要强。

最后妈妈希望你提高警惕，注意保护自己。远离夜店，远离那种纸醉金迷的生活，努力地学习，好好地生活，让自己变得更加优秀，更加明媚！妈妈相信你能做到！

爱你的妈妈

妈妈的6个忠告

忠告1 夜店是迷醉泥潭

(1) 夜店环境恶劣。夜店一般指通宵营业场所，如夜间娱乐、休闲、放松的娱乐场所，包括娱乐性KTV、酒吧、迪吧、演艺厅、歌舞厅、DISCO、夜总会等。夜店里到处有人抽烟，人声嘈杂，空间局促，空气污浊，对女孩的身体伤害很大。有些夜店环境封闭，甚至是在地下室里，一旦发生火灾等安全事故，很难逃生，容易出现踩踏等意外伤害。

(2) 夜店黄赌毒聚集。夜店人员混杂，黄赌毒聚集，是犯罪的高发之地。夜店里充满了灯红酒绿的诱惑，女孩很容易被引诱沾染上抽烟、酗酒的恶习，也可能被拉入赌博的陷阱，还可能被坏人盯上，遭遇抢劫绑架，惹上杀身之祸。在夜店这种地方，毒品是无处不在的，不少女孩是在不知情的情况下被坏人下“毒”的。有些坏人会趁女孩接电话、去洗手间的间隙，将极易融化于液体的冰毒、“神仙水”等毒品放入饮料、酒水、果汁中。一些陌生人怂恿女孩尝试的香烟也可能是毒品。

(3) 夜店容易出现暴力事件。夜店经常会出现小流氓、小混混打架斗殴等暴力事件，即便是和女孩们无关，但夜店场所拥挤，可能也会危及女孩的安全。

(4) 夜店改变女孩的心态，促使女孩走向堕落。经常泡夜店，容易让人思想萎靡、生活颓废。夜店里，充斥着各种各样堕落的生活方式，如吸毒、酗酒、一夜情等等，女孩一旦深陷其中，将无法自拔，会坠入堕落的深渊。有些女孩甚至会抱着在夜店寻找“高富帅”的心态，希望遇到有钱人，过上奢华的生活。年轻女孩，特别是未成年女性，一定要严格自律，不要涉足夜店。

(5) 夜店毁坏女孩名声。一个本分的好女孩不会去夜店，夜店是年轻女孩的禁区，如果一个女孩经常涉足夜店，会给人浪荡、不检点的印象，毁坏自己的名声，破坏自己的形象。不好的名声，会影响到女孩将来的事业和爱情。女孩要洁身自好，学会充实自己的生活，比如在课余的时间学习一项乐器演奏或者学习瑜伽锻炼身体，做一个健康有内涵的女孩。

忠告 2　去夜店不独行

夜总会、舞厅、迪吧、酒吧等夜店，学生是一定不能去的。如果实在要去的话，也要和信得过的亲友们一起出行，要去那些“健康”的娱乐场所，如 KTV、纯表演性质的演艺吧等娱乐场所。去夜店一定要避免独行，遇到紧急情况时要大声呼救。

忠告 3　不在夜店玩性感

年轻女孩若衣着暴露或穿着性感去夜店，会给人轻浮、风骚的印象，很容易成为不良分子追逐的目标，导致对方纠缠不清，甚至引发纠纷和矛盾，无法脱身，酿成终身悔恨。如果在夜店穿得太性感，也很容易被不良分子趁机“揩油”、偷拍，遭遇性骚扰。

忠告 4　不在夜店乱搭讪

女孩在夜店里要拒绝搭讪，保持警惕，不要相信朋友的“朋友”。面对别人的教唆要保持清醒的头脑，不要被别人的思想牵着走。在夜店不要与不认识的人交谈，与别人交谈时也不要一味地轻信他人的话。如果遇到纠缠不清的人要及时向保安求助。

忠告 5　不在夜店逞口舌之快

在夜店不要和陌生人争执、吵闹。若与人产生摩擦，一定不能逞强，要心平气和地解决问题，注意言辞语气，不说恶毒刻薄的话，多忍让宽容，不与人发生不必要的口角和争斗。女生力量弱小，如果真的产生打斗，女生受伤害的可能性非常大。所以，不要图一时口舌之快而遭受不必要的伤害。

忠告6 夜店饮品要慎饮

在夜店不喝任何人递来的饮料。如果一定要喝的话，要保证饮料未开封，且一定要自己开。可以选择矿泉水、果汁或汽水，尽量不选含酒精的饮品。若遇到中途上洗手间、接听电话等情况，回来后剩下的饮料不能再喝。有些不良分子会趁机在饮料里面放迷药，女孩不小心喝了之后会昏迷不省人事，被坏人迷奸甚至拐卖。

若万一不慎喝下有问题的饮料，感觉情况不对，如身体不适、头晕等，应马上向家人、朋友求助，或向服务生求助，必要时要报警。

9. 明星偶像剧，肥皂泡影

妈妈听到的故事

穿越的悲剧

阴霾的天空突然下起小雨，像在低声地哭泣。遗照里的小美，没有笑容，孤独地注视着她再也无法触及的世界。

小美家静悄悄的，小书桌上放着她的精美笔记本。封面上是最近很流行的一部清宫穿越剧的女主角，她穿着做工精致的古装，戴着华丽的发饰，像一个翩翩起舞的蝴蝶，非常妩媚。

秋风瑟瑟，书页发出哗哗的声音，像是在呼唤着什么。可是，还在读初中的小美却再也不会醒来了。小美的爸爸小心翼翼地翻开笔记本，禁不住老泪纵横，熟悉的笔迹，他已不忍再看。本子上泪点斑斑，娟秀的字迹写着：

亲爱的爸爸妈妈，当你们看到这份遗书的时候，我已经不在这个世界了。对不起，我不能孝敬你们，我要走了。我的好姐妹小敏把她家的电视机弄坏了，她怕被爸妈骂，所以我要陪她穿越到清朝去，我们要去找我们最喜欢的那个明星扮演的皇子。你们放心吧，我们在那边会过得很好的，我们肯定是贵妃的命。不多说了，等下课了我们就要出发，祝我们成功吧！另外，小敏不敢回家，她的遗书就让你们带给她爸妈啦！

在同村的另一家房子里，却充斥着骂声、哭喊声。小敏的妈妈悲痛欲绝：“孩子啊！你怎么就这么走了呢？妈离不开你啊，我们还要一起住大房子呢！”让他们痛心的是，三天前就是小敏的 13 岁生日，可是，大家都忙着装修新房子给忘了。一封遗书带走了听话懂事的小敏。新建的房子里，浓浓的油漆味，闷得人心口发慌。

到底是什么原因让两个如此天真烂漫的小姑娘自杀呢？在如花的年华里，是什么让她们痛下决心，竟然会用这种极端的方式告别人间，告别幸福的生活，留下遗书弃亲人朋友而去？这还得从两个小姑娘最近的兴趣说起。

小美是一个梳着俏丽短发、眉清目秀的女孩子。爸爸经常在外打零工，妈妈则在一家小餐馆当服务员，小美是家里的独生女，学习成绩不怎么好，家里人都很担心。小敏家里也不富裕，还有一个五岁的弟弟。她乖巧懂事，老是帮着家里做家务。爸爸脾气不好，重男轻女，总觉得小敏是个累赘。

小美和小敏是无话不说的好姐妹，从小一起长大，两个人都比较文静，性格温和，所以也都没什么特别的爱好，业余时间就是趴在一起看电视剧，聊明星八卦。最近穿越剧盛行，她们最喜欢的明星也主演了一部清宫穿越戏。两个小女孩都觉得很神奇，回到过去是一件多么酷的事情啊，与现在完全不一样的生活状态，精彩又浪漫。她们老是幻想着，要是能发生在自己身上就好了。

这天，她们一起在小敏家看那部穿越剧，正入迷时，电视屏幕突然黑了，小敏开了又关，关了又开，试了好几次都没有画面。她们突然想到，会不会是上天要安排她们穿越，所以才突然把电视机关掉，预示着她们要离开了？两个人不约而同地想起刚才的电视剧情，主人公在一次游泳中陷进了湖中心的漩涡，因此掉进时光隧道穿越到清朝，与英俊潇洒的皇帝相遇，成了她最宠爱的妃子。小敏想，我是不是也可以穿越呢？既然爸爸不喜欢我，电视机也坏了，肯定又要挨骂，还不如穿越到古代，就可以逃避惩罚，说不定还能进宫当妃子，和自己喜欢的明星朝夕相处，集万千宠爱于一身。

这样一说，小美也想到藏在书包里的成绩单，又是倒数几名，明天就要交给老师了，可是还没有给爸妈签字。小美一想到家人失望的眼神，内心充满了酸楚。小敏对小美说："反正我们在人世间也没有什么留恋的了，学习太苦了，我在家也是多余的，正好现在有这么好的机会，老天在暗示我们，要不我们一起穿越吧！"小美舍不得家人，虽然有些留恋，还是答应了好朋友的请求，于是两个人一起趴在床上写遗书。

写信的时候她们一直在讨论穿越到哪个朝代比较好。小美说："肯定是清朝啊，你看我们喜欢的那个明星扮演的皇子多帅啊！要是变成他的妃子多幸福啊！"小敏说："我们一定要在一起啊，以后都当上皇帝的妃子，千万不要为了争宠而反目成仇哦！”

“嗯，当然不会了。不过，万一我们掉到战场上怎么办？好恐怖的！”

“没事儿，你看电视剧里，皇子会去救我们的，我们一定会好好的。我怕回家，遗书就和你的放在一起，我爸妈会看见的。”

两个小女孩都笑了，笑容在秋日的阳光里是那么的灿烂，夕阳的余晖照得小村庄发红，树上的叶子一直簌簌地响着。她们手牵手跑到了田边的池塘附近，两个人对望了一眼，一起跳进了冰冷的湖水里。一群麻雀飞过，映过一片暗影。

小美陪伴同桌而去，留给亲人的却是极度的悲痛。小敏逃脱了爸爸的拳头和埋怨，但再也看不到这美好的世界了。

两个花季少女就这样，用穿越剧将自己的生命渲染成了黑色。

妈妈的担忧

亲爱的女儿：

人的一生中，能够拥有很多美好的东西，例如亲情、友情、爱情、梦想等等。但是，在我们的人生里，所有的美好的东西都需要有一个载体——生命。如果一个人连生命都没有了，一切都将成为空谈。

当你听完妈妈讲的故事，听到小敏和小美永远地闭上了她们稚嫩双眼的时候，你是否对你的人生观有了新的定义呢？是否也在为她们的无知感到悲哀？是否对于追星、偶像剧、穿越剧有了更为理性的认知呢？

当今社会，五光十色的娱乐圈、层出不穷的明星大腕和五花八门的电视剧的确非常吸引人的眼球，但是妈妈对此却非常担心：

妈妈担心你盲目地追星。对于女孩来说，追星其实也并非不可。如果能从偶像身上吸收到正能量、积极的人生观，那是无可厚非的。如果明知偶像的缺点还不加分辨地欣赏、认同甚至效仿，是百害而无一利的。处于青春期的你们如果盲目追星的话，很可能会错把明星的缺点当优点并全盘吸收，最后误入歧途。

妈妈担心你为了追星，不爱惜自己身体。如为了攒钱买明星的海报、专辑而不好好吃饭，为了看明星的演唱会而彻夜不眠……青少年正是成长发育的阶段，身心发展尤为重要。即使你为明星彻夜疯狂，夜夜流泪，明星也不会在乎你的付出，因为他根本就不认识你，损害的只是你自己的健康。

妈妈担心你脱离现实，产生不健康的心理和扭曲的人生观。偶像剧会使人萌发很多不切实际的想法，让人无法自拔，妄图找到生活中通往幸福的捷径，分不清幻想和现实，导致无法认知身处的环境和社会。扭曲自己对爱情的定义和观念，甚至产生强烈的拜金主义而误入歧途，酿成人生悲剧。穿越剧更是会扭曲历史的真实性，使你们产生严重的封建迷信思想，扭曲你们的价值观，使你们沉迷在虚幻世界当中，最后耽误了自己的人生，甚至犯下不可挽回的错误。

所以，亲爱的女儿，我希望你能够理性地看待妈妈与你说的这些问题，不要盲目追星，不要沉迷于偶像剧和穿越剧。妈妈希望看到你健康快乐地成长，通过你自己的努力，闪亮耀眼地站上自己的舞台，绽放青春的光芒。

爱你的妈妈

妈妈的4个忠告

忠告1　追星，不迷失自我

（1）追星不是人生目标。要明确，正确的人生目标是把自己打造成一个优秀的人，而不是活在明星的阴影下。盲目地追随、效仿明星的一举一动，只会迷失自我，追星不可能改变自己。

（2）正确认识明星。明星也是普通人，只不过是被笼罩了一层神秘耀眼的光环，拨开明星外面的“面纱”，他可能是个人格低下、品质恶劣的人，根本不值得崇拜和追逐。摆正自己与明星的关系，你为明星付出再多，明星也不认识你，更不会在乎你。追星是心智发展不成熟的表现，一个成熟的人是不会盲目追星的。

（3）正确认识偶像剧。很多偶像剧反映的都是一种不切实际的生活状态，在看偶像剧的时候要理智地对待，多提醒自己这不是现实。要找到现实与偶像剧之间的距离，热情地对待现实生活，把对偶像剧中美好生活的向往转化成奋斗动力。不要以偶像剧中的生活来参照自己的生活，偶像剧中的社会环境，通常与现实不符。虚拟世界中的浪漫爱情与现实生活中正常的爱情价值观有相当的差距，女孩如果受其影响，又缺乏辨别能力，容易酿成很多人生悲剧，更容易毁掉一个人的一生。

忠告2　追星，不失方向

追星对年轻人来说是一种正常的心理需求和行为表现，但要把握好分寸：

(1) 不盲目追星。你所崇拜的明星应该是真正值得你崇拜的，不应该是徒有其表，更应该有高尚的人品和超凡的气度，不应该仅仅吸引你的目光，更应该能震撼你的心灵。

(2) 不疯狂追星。首先，不要花太多金钱在追星上，目前很多商家正是利用了年轻人喜欢追星的弱点，通过“明星效应”来圈钱，年轻人对追星投入得越多，商家就赚得越多。其次，不要花太多时间在追星上，不要因为追星耽误自己的学习，“星”的光环不属于你，追星也没什么可夸耀的，更不应该成为你生活的全部，你们正处在学习阶段，应把精力放在学习上，不应该花过多精力在追星上。

(3) 摒弃狭隘心态。年轻人崇拜的偶像有同有异，不能因为偶像的不同，就对别的同学持排斥甚至敌对的态度。有的年轻人容易走极端，遇到别人批评自己的偶像，就对别人进行辱骂，甚至大打出手。

(4) 谨慎选择偶像。在娱乐圈，有些偶像靠漂亮的脸蛋和“潜规则”出名，其实他并没有健康向上的人格品质，选择这些“星”，只会让自己堕落。

(5) 吸收明星正能量。如果一定要追星，就要善于从自己所崇拜的偶像身上吸取积极的人生经验，悟出他之所以成功的原因，总结出偶像走向成功的秘诀，并结合自身条件加以实践。

(6) 寻找各领域的明星。如果追星，不要把榜样只局限于体育娱乐明星，可以把自己崇拜的偶像转移到科技明星、创业明星、企业明星、文学明星等人身上，为自己树立一个积极上进的榜样，让这种榜样的力量影响鼓舞着我们。

忠告3 追星，不做蠢事

人活着应该有自己的理想和追求，应该活出自己精彩的人生，为了追星而失去自己的健康和生命是十分愚蠢的行为。有的女孩因为喜欢某个明星，就要整容整成那个明星的样子，不惜在自己脸上“动刀子”，或者在自己的身上留下偶像的痕迹，比如纹身、刻字等等；有的女孩因为想见到偶像，可以彻夜不睡地守候，不管刮风下雨地等在机场；有的因为喜欢的明星恋爱、结婚，可以不吃不喝地绝食，甚至去自杀……自残、自杀的行为不但不会让明星因此而青睐你，反而会给明星的生活造成困扰，害人害己。失去自己的健康和生命之后，前途、未来、理想、美好人生等，都是空谈。

忠告4 追星，不如“追亲”

明星的崇拜者千千万万，你只是湮没在其中小小的一个“千万分之一”，你可能追求她一生，他也不会知道你的存在，不会关心到你的喜怒哀乐、欢喜离愁。

而你身边那些真正关心你的人，无论疾病、贫穷，他们都不会抛弃你、放弃你，他们才是你最应该珍惜，最应该崇拜一生的人。

因为在他们心中，你是唯一，你才是他们最珍爱的“明星”。

慈爱的父母，给了你生命；敬爱的老师，教给你知识；亲爱的同学，陪伴你一起成长……他们为你付出，给你爱和关怀，你应该更多地关心他们，珍惜眼前人，把爱放在他们身上。

妈妈的3个妙招

很多正值花季的女孩因为沉迷于追星和偶像剧，浪费了自己的青春，荒废了自己的学业，使自己本该丰富多彩的生活变得单调晦涩，让自己的青春失去了应有的光彩。如何走出追星梦，妈妈教给你几个妙招：

妙招 1 转移兴趣

(1) 寻找生活乐趣。女孩的生活中，不应该只有追星这一件事。生活中还有很多乐趣，可以让自己的生活变得更丰富，如运动、旅游、和朋友交流等，在真实的生活中寻找乐趣，感受生活的美好。

(2) 减少看偶像剧的时间。偶像剧大多唯美浪漫，容易让年轻女孩着迷，当你觉得自己已经沉溺其中了，可以适当地转移你的注意力，做一些其他有意义的事情，比如去博物馆、美术馆、艺术馆、图书馆等场所，提升自己的艺术品味和审美情趣，多读一些中外经典名著，提高自己的思想境界，做一个有品味有内涵的女孩。

(3) 多参加社会实践。可以利用寒暑假、节假日多去社区、乡村等地参加社会实践，在实践中领悟生活的真谛，在锻炼中增强自信，促使自己不断地努力，不断地进步，以更好的姿态去面对现实。

妙招 2 关注明星的负面新闻

随着传媒、影视等事业的发达，各种各样的明星越来越多，有德艺双馨的“真明星”，也不乏表里不一的“假明星”。

现在女孩喜欢的明星，很多都是因为商业炒作的需要，被商家包装成“高富帅”、“花样美男”、“慈善大使”等形象，为商家带来更多的商业利益。其实，这些明星在生活中，可能并没有宣传中所形容的那么完美，有的甚至还有一些恶劣的品行和习惯，如吸毒、滥交、醉驾、打架斗殴、出卖色相等。关注到这些新闻，你才可能了解到明星真实的一面，知道他究竟是个什么样的人，究竟值不值得你为之迷恋，为之疯狂。

妙招 3 追星，不如自己成“星”

追星，永远是生活在别人的光环和阴影下。与其在追星上花费大量的时间和金钱，不如把这些时间和金钱拿来做一些更有意义的事情。

如果把平时追星、看偶像剧的时间拿来给自己“充电”——阅读、参加培训、学习某项技能等，很快你就能收到立竿见影的效果。比如有的女孩喜欢看偶像剧，每天要花费至少两三个小时在“追剧”上，试想，如果每天用两三个小时的时间学一门外语或器乐，不出半年，你就能掌握一门外语或器乐演奏的技能。

如果把用来买明星海报、专辑的钱拿来给自己买几本书或买几件衣服，很快你也能让自己成为一个秀外慧中的女孩。

一个人的时间和精力是有限的，在这方面花费的多，在那方面花费的就少，所以，将花费在明星身上的时间和精力，真正地用到自己身上，长此以往，坚持不懈地努力，你一定会成为某个领域的行家和明星，而你所具备的这些行业的知识和技能是真正属于你的，谁也无法带走。

追星，不如让自己成“星”。

第五章 安全锦囊

1. 预防至上

绝招：提前预防

最好的保护措施是提前预防，而最好的预防就是时刻保有安全意识。女生安全意识高于一切，提高安全意识可以减少甚至杜绝危险。否则，等伤害已经造成再来补救，一切都太晚了。日常生活中，女生一定要时刻保持高度警惕，做好安全防护工作，严防抢劫、拐骗、性侵等不幸之事发生在自己身上。

妙招 1 不暴露

（1）不露色

注意着装安全。女孩出门在外，尤其是在夜间或经过不安全的地段，不要穿得太暴露，也不要打扮得过分前卫和时尚，不要佩戴贵重首饰，以免引起犯罪分子的注意，而引致侵害。另外，女孩一个人出门或晚归的时候，尽量不要穿高跟鞋、紧身衣、牛仔裤等不方便逃跑的服装。

（2）不露财

出门在外时，尽量不要携带贵重物品。如果必须要带上贵重物品，就要将贵重物品放在隐蔽的地方，不要让他人发现。不要带大量现金，也不要在别人面前掏钱、数钱，否则容易被犯罪分子盯上。要选择安全的时间、安全的地点取款，避免夜间取款。如一定要取，需有人随同，即便白天取大额存款也需有人陪护。取款前注意观察周围的人群，有人搭讪或干扰时不要理会。

妙招 2 不独行

（1）女孩不要在夜晚独自外出，最好结伴而行或要求亲友来接应。如果必须独自行走，要选择有路灯或繁华热闹的道路，避开建筑工地、被拆迁地段、偏僻小巷或人烟稀少、无路灯的路段。如果选择打车，要注意乘坐正规的士，不要坐黑的。

（2）在路上行走要多留心周围的环境，时刻保持警惕。不要低着头走路或走路时玩手机、戴耳机听歌等。要眼观六路耳听八方，留意周围有没有人盯梢或尾随。如果发现有可疑人员或车辆在附近跟随，应迅速避开，走向人多的地方，可以假装大声召唤家人："你们别走这么快呀，等等我呀！"或者假装打电话："不是说好在这等的吗？还不出来？"如果发现跟踪的人无法甩脱时，就要立即报警。

（3）遇到必须独自外出的情况，要事先告诉亲友自己出行的时间、地点、联系人等，让他们随时与你保持联系。

（4）随身携带手机。女孩外出，要随身携带手机，万一遇到险情，可以利用手机发出求救信号。

（5）当心"飞车党"。女生外出，千万要当心"飞车党"。"飞车党"最喜欢在马路边和小巷子里下手，听到后面有靠近的车声，提高警惕，注意避让尾随跟踪、企图接近的摩托车。不要离马路太近，更不要走车行道。手提包尽可能放在胸前，背包不要挎在靠马路一侧。如果骑摩托车或自行车，不要把贵重物品随意放在车上，防止遭"飞车党"黑手。

（6）假期慎远行。女生千万不要在假期单独出远门，不要到没有手机信号的地方露营、探险。参加同学聚会、冬令营、夏令营，野外实训、考察，组团旅游，远程探亲等活动，一要事先告知父母亲人，获得父母的许可；二要全天候保持与家人的联络；三是要对目的地的地理、气候、民风民俗等作详尽的了解，考量女生前往时可能遇到的困难和危险。若出行中由于种种原因，不能与父母保持联络，那么出行前，要通知亲属和友人，确定要去的地点及归来的大致时间，一旦发生意外，也会在第一时间获悉，方便救援。

妙招3　不滥交

（1）警惕陌生人

女生要特别警惕以下四种陌生人：

①问路带路，咨事探由的陌生人。这种人往往会利用女孩的单纯善良图谋不轨。

②随意搭讪的人。这种人往往在女生独自一人的情况下或行路遇到困难和麻烦（如急匆匆赶车，行李太多等）时，以关切的口吻和女生搭讪，然后寻找行骗的机会。对这种人，女生要当即终止交谈。

③秘密兜售各种商品的人。这种人往往以低廉的价格兜售女生们喜欢的小饰品和小物件，然后设局套牢女生，使女生任其摆布。

④神秘提供免费服务的人。这种人往往盯住那些贪图小利的女生，开始往往伪装成非常热情的样子，提供免费美容、免费拍照，免费培训，免费介绍兼职等等，让涉世不深的女生放松警惕。女生一旦上钩，就会陷入他们设计的陷阱。

（2）慎交朋友，矜持稳重

女生应尽量减少和异性相处的时间，更不要和他们单独在封闭的空间相处，以免受到侵害。在与同学、老乡及朋友的交往过程中要注意对方交往的目的，留意对方日常言行中表现出来的人品、道德修养。不要轻信甜言蜜语，不要单独跟新朋友去陌生的地方；控制感情，不要在交往中表现轻浮；约会要选择自己熟悉的环境，不要到偏僻人少的地方；不接受贵重的馈赠。

（3）四种人，不滥交

①不要和冒充是朋友的朋友、往日同学的朋友等交往，这些人往往是心怀不轨的人。

②在路上、车上和公共场所偶遇的朋友。要判断其人品，当无法判断时要婉言拒绝交往，并迅速分手。不要让灰姑娘遇见白马王子的童话代替眼前的现实。

③网络上认识的朋友，往往良莠难辨，真假难识。如果对方以暧昧的情调、挑逗的语言交谈，甚至提出借钱、到陌生的宾馆、酒店和偏远的地方相见等不情之请，要果断中断往来。为了保证学习，女生最好不玩网络交友。

④同学或朋友中那些邀约你到娱乐场所寻求刺激的人或者怂恿你去陪酒、陪唱、陪舞的人，要义正辞严地加以拒绝。

上述这些人往往以投女生所好、关心体贴、甜言蜜语、阿谀奉承的面孔出现，女生一定要高度警惕。

妙招 4　不乱吃

（1）对初次见面的朋友或陌生人送的食品和饮料，要婉言谢绝，以免因误食毒品药物而上当。

（2）在公共娱乐场所或与熟人单独相处时，若有人送饮料相请，女生要拿出自备的饮品或其他合适的理由表示谢绝。对于有人请吃各种熟食、点心也要倍加警惕，以得体的方式谢绝。

妙招 5　不乱入

（1）不要为寻求刺激、追求新奇或为了排遣郁闷、释放压力而涉足KTV、歌厅、迪吧等娱乐场所。如有朋友邀约，要婉言拒绝。

（2）对足浴城、KTV、歌厅、迪吧等类服务业所提供的高薪招聘信息不要理睬。

2. 紧急求助

绝招：一旦遇险，第一时间发出求助信号

由于身体柔弱，女孩子一旦身置险境，若孤立无援则很难化险为夷，所以女孩一旦遇险，一定要在第一时间发出求助信号。求助对象可以是父母、亲友、警方、路人……求助的方式有多种。不要迟疑，要知道，危险关头，哪怕一秒钟的延误，都会导致无法挽回的结果。一旦无法发出信号，你就可能失去求生的机会。

妙招 1　设定求助信息

要在手机里提前设置好求助电话和短信。可以设定一个亲友的号码，遇险时一键拨出，并大声与歹徒交涉，让亲友知道自己身处险境。为110、119、120、122、12110、12395、12119、999 等特殊服务电话设置快捷键，或者平时在手机里写好求救信息，方便遇险时发送。总之，一定要让自己遇险时能以最快的速度发出求助信号，不错过求助、报警的最佳时机。如果条件允许，女生最好在自己的手机里安装手机定位系统或者佩戴 GPS 手表，一旦求助信号发出，救助者能根据定位系统迅速定位，以最快的速度施救。

妙招 2　巧发求救信号

（1）室内遇险如何发出求救信号

①如在室内（家中、寝室、办公室）遇到挟持、抢劫、绑架、性侵等犯罪行为，可将手机隐藏身中（衣裙内、口袋中）秘密发出求救信号。

②当手中通讯工具被控制时，要机警地向窗外抛掷物品，造成异常动静，引起室外人们的注意。

③若遇到急病（如食物中毒）、火灾等险情，要在第一时间拨打 120、119 求救电话。

（2）户外遇险如何发出求救信号

①公共场所被绑架或挟持，如果通讯工具被犯罪分子控制，要采取故意蹬脱鞋、有意遗落随身物品（发卡、围巾、眼镜、书本等）的办法，为救助者留下救援的线索和方向。

②出行中遇到意外伤害，如遭抢劫、车祸、被撞伤、砸伤等，要在第一时间向110、120求助，手中没有通讯工具时，要求助身边的人帮助拨打，不要有片刻的耽误。

（3）野外遇险如何发出求救信号

旅游、探险时在大山中迷路或遇险，不要恐慌，不要急躁，不要放弃。第一时间拨打特殊服务电话。如果手机没有信号，可以拿手机拨打112。即使没有SIM卡，没信号，甚至电池电力微弱都可以打。如果手机没电，就试着拨打*3700# ，这样可以调动电池的储备电力。如果无法使用手机报警，可以通过生火制造烟雾发出信号，可以利用实物在空地上摆出明显的求救信号，例如SOS等。

3. 机智应对

妙策 1 头脑清醒，沉着应对

（1）头脑清醒，控制情绪。女生在遭受侵害之际，保持头脑清醒，情绪稳定是最重要的。只有设法使自己沉着、冷静，才能找出摆脱困境的方法。

（2）沉着应对

①被拐、挟持、绑架之后，争取时间，沉着冷静，在第一时间千方百计用手机发出求救信号。当手机被歹徒没收后，也要巧妙地发出信号，比如踩压脚印，有意遗落随身携带的物品，向路人传递被困的信息或直接呼救等。

②在被拐、挟持、绑架的过程中，要记住事发地和转移途中的地貌地标，尽量弄清楚自己所处的位置，为配合救助做准备。

③如果现场处于偏僻环境，切忌强烈反抗，要尽可能记住犯罪分子体貌特征，为以后帮助警方破案提供线索。

④当遭到“飞车党”抢夺时，一定要立即打 110 电话报警。不要手足无措，尽量记住“飞车党”的特征，最好能把摩托车的车型、车号和颜色，以及逃跑的路线和方向记录下来。

妙策 2 巧妙周旋，以智取胜

（1）遭遇侵害，女生要在保证自己生命安全的前提下，寻找各种借口与歹徒巧妙周旋，拖延时间，使其放松警惕，寻找脱身之机。

（2）虽然侵害者看上去来势凶猛，实际上是色厉内荏。要利用当时的环境或者偶遇的机会想方设法自救。在闹市或人多的地方侵害要大声呼救，比如向迎面走来的人群呼救，努力靠近军人警察等以便引起路人注意。

（3）脏身病体，骗过歹徒。遭遇性侵、反抗无果的情况下，女生可以采用呕吐、便溺等办法，把自己弄脏，让歹徒无处下手。或谎称自己患有艾滋病、肝病、肺结核等传染疾病，让歹徒感到恶心害怕。他们可能会放弃侵害，即使不会，也可以为自己赢得脱险时间。

妙策3 理智选择，伺机脱身

被挟持时，不要坐以待毙，要千方百计寻找机会脱身。同时要理智地选择逃跑路线和方法，不要蛮干，以免激怒歹徒。一定要认清形势，寻找最佳的脱身路线和方法。要尽量往人多的地方逃生。或者诱骗歹徒跟自己到对自己有利的地方，再伺机脱身。

妙策4 防身有术

（1）攻击眼睛。人身上最薄弱的环节是两个眼睛，如果侵害者是1～2人，女生可以利用辣椒水、醋、面粉、砂土攻击对方的眼睛，让其看不见，然后迅速逃离。被近身挟持时，女生要寻找机会用手指戳破歹徒的眼睛，乘其疼痛难忍之机，快速离开。

（2）迅速随手取得武器。女子防身，一定根据周边环境，迅速取得防身武器防身。身边的木棍、砖头、砂石等都可以作为自卫武器。女生随身携带的许多物品都可以用来自卫，比如用书本、钥匙扣击打歹徒面部，用笔、水果刀、刮眉刀等刺伤歹徒面部，情急中还可用高跟鞋跟使劲踩踏歹徒脚背，或用牙齿死死咬住歹徒的手背，致其伤痛，放弃侵害。

（3）果断击打要害。女生防身，要击打到歹徒要害才有逃脱的可能。人的脆弱部位除了眼睛之外还有肋部和阴囊。女生可以用膝盖顶、用脚踢歹徒的下部（阴囊部），用手肘、膝盖、脚等部位攻击歹徒的肋骨。

（4）正当防卫，不迟疑不手软。被歹徒侵害时做出的反抗和反制措施属于正当防卫，女生不必有所顾虑，面对歹徒的侵犯要果断反击，绝不迟疑，绝不手软。稍有犹豫和迟疑，就会贻误最佳反击时机。

妙策5 舍财保命

保命第一，钱财是身外之物。遇到打劫要以保住性命为原则，不要贪恋钱财，不要与歹徒发生争抢。遭遇一般抢劫，可以把自己的钱包扔向远处，自己向反方向逃跑。遭遇“飞车党”抢劫时，要放弃财物，快速躲闪，避免身体受到伤害。遭遇性侵时，可以用随身携带的贵重物品分散歹徒注意力，伺机逃跑。

4. 法律维权

良策 1　懂法知法，学法用法

要熟悉掌握与自己的工作、生活，以及人生权益紧密相关的法律法规知识。可以被用来保护妇女的法律法规是很多的。几乎每一部法律、法规都有关于保护妇女权利的内容，如《刑法》第 241 条，《刑事诉讼法》第 105 条，《工会法》第 10 条，《教育法》第 46 条，《劳动法》第 13 条，《劳动合同法》相关条例等等。此外，还有一些是专门为保护妇女权益而制定的法律法规，如《妇女权益保障法》和《妇女儿童权益保障法》，以及各地颁布的妇女权益保障的法规等。这些法律法规主要是为了保护妇女的 6 种权益，即政治权利、受教育权利、劳动权益、财产权益、人身权益和婚姻家庭权利。

良策 2　维权“三要”

（1）要不畏强势，勇于维权。女生权益受到侵害后，绝不能做沉默的羔羊。有的女生认为自己损失小，或者认为张扬出去没面子，或者觉得维权机构靠不住，于是当自己的权益受到侵害时，选择忍气吞声，暗食苦果。要知道，越是退让越是软弱就越被欺负。第一次买到假货或被强买强卖不维权，下一次可能还会有同样的遭遇，积少成多，慢慢地你会习惯性地妥协，变得越来越软弱，消费时受欺负的次数也会更多。遭遇性侵害怕丢面子不维权，那么犯罪分子认为你软弱可欺，会肆无忌惮地再次施害。性侵害会给女生造成巨大的心理伤害，如果犯罪分子没有受到惩罚，这种心理阴影会更加严重，会纠缠你一辈子。及时报案维权，犯罪分子就不会再次伤害你，你的心理阴影也会慢慢消逝。权益受到侵犯时，女生一定勇敢维权。

（2）要保留证据，智慧维权。维权成功的关键在于证据充分。所以，女生购置贵重物品一定要向商家索要发票、收据及其它相关的文件，如保修单、质量保证期等。要注意在处理纠纷的过程中，一定要冷静应对，不要使用非理性的方式（如争吵、破坏财物等），要为合理解决纠纷留下余地。

维权过程中肯定会遇到不少困难，要积极借助老师、同学、父母、亲朋以及新闻媒体的帮助以达维权的目的。

（3）要注意期限，及时维权。维权和诉讼是有时效性的，一定要在时效期内及时维权，否则就会失去保护自己权益的机会。一般向保护消费者权益委员会等部门的投诉时效为一年，向工商行政管理机关申诉的时效为一年。产品存在缺陷造成损害要求赔偿的诉讼时效为二年。身体受到伤害要求赔偿的、出售质量不合格的商品未声明的、延付或者拒付租金的和寄存财物被丢失或者损毁的诉讼时效为一年。

良策3　维权“三招”

（1）报警、报案。受害者应在侵害事件发生的第一时间向公安局、派出所报警，让事态在恶化之前得到制止。侵害事件发生后，也应该到公安局、派出所报案，因为受害者的报案是依法惩治犯罪分子的重要根据。

（2）投诉、起诉。情节较轻的侵害，可以向侵害者的单位、上级投诉，产品质量方面的纠纷可以向消协投诉、向工商管理部门投诉，后果严重或者投诉不能解决的事件，可以聘请律师，向人民法院提起诉讼。

（3）媒体曝光。维权无果或者自己处于弱势时，可以借助媒体的力量，用媒体曝光的方式维护自己权益。

良策4　维权成功，自保“三法”

女生维权成功后，还要注意自我保护，防止受到二次伤害。

维权成功，保持低调。女生在获得维权成功后，不要过分宣扬维权的过程，不要公开自己与被告方的姓名、联系电话、照片等私人信息，以免给自己制造麻烦。

不过分伤害对方。女生在维权成功后，不要图口舌之快，去蔑视、诋毁、甚至中伤被告方，不要伤害被告方的亲友，以免激怒对方，给自己带来危险。

防范打击报复。重大纠纷案件维权成功后，要向公安司法部门备案，平时多注意人身安全，保护好家庭住址、工作单位地址、出行规律、出行路线等信息，告诫家庭成员注意防范，防止被告方的打击报复、再次伤害。

后 记

是一种隐隐的担忧，一种为女孩们的诸多安全问题的担忧，让我们萌生了编写这本书的念头。

是一种沉沉的责任，一种教育工作者发自内心的责任感，让我们提醒自己，教育工作者的责任不仅仅是在学校的课堂上。

是一种殷殷的期许，一种对女生未来的美好期许，希望每一个手中持有本书的女孩或女孩的母亲，都能从中获得生活的启示、精神的提升、人生的指点。

在编写本书的过程中，我们调查了近百所大中学校女生安全问题的现状，向女生们发放了两万多份关于女生安全问题的问卷，召集了近千名学生参与妙招的“头脑风暴”，邀请近百所大中学校的教师、专家、学者参加女生安全问题的研讨，使我们获得了大量宝贵的第一手素材。

参加本书编写的人员分别是：胡翼、张世静、曾慧、陆艺、刘玲莉、龚义成。陈汉杰、武育香教授参与了校订，为本书的编写提出了建设性的意见。张若燕为本书绘制了精美的插画。

在本书即将面世时，我们对所有真诚帮助我们的各级领导和教师、专家、学者、学生表示衷心地感谢。

书中“妈妈听到的故事”都是真人真事，为了保护相关人员的隐私，书中所涉及的部分人名采用的是化名，如有雷同，纯属巧合。

由于本书涉及的内容相当宽泛，错误、疏漏之处在所难免，恳请读者提出宝贵意见。

编者

2013 年 3 月 5 日